磨难成就卓越

做个有出息的青少年

春光◎编著

中国纺织出版社有限公司

内 容 提 要

我们很多人在内心深处都有恐惧和逃避，但我们唯有经历磨难、告别脆弱，才能真正做到内心强大、成就卓越，才能在人生路上无论遇到什么都能心无旁骛、努力向前，才能把握幸福。

这是一本帮助我们进行心灵归位的暖心之作，是锻造我们强大心灵的帮手，全书深入浅出地给我们提供了如何勇敢向前、内心坚韧的“必修课程”，引导广大读者塑造更丰盈的人生。

图书在版编目（CIP）数据

磨难成就卓越 / 春光编著. --北京：中国纺织出版社有限公司，2020. 9
（做个有出息的青少年）
ISBN 978-7-5180-7477-8

Ⅰ. ①磨… Ⅱ. ①春… Ⅲ. ①成功心理—青少年读物
Ⅳ. ①B848.4-49

中国版本图书馆CIP数据核字（2020）第092721号

责任编辑：江 飞　　责任校对：寇晨晨　　责任印制：储志伟

中国纺织出版社有限公司出版发行
地址：北京市朝阳区百子湾东里 A407 号楼　邮政编码：100124
销售电话：010—67004422　传真：010—87155801
http：//www.c-textilep. com
中国纺织出版社天猫旗舰店
官方微博 http：//weibo.com/2119887771
三河市宏盛印务有限公司印刷　各地新华书店经销
2020年9月第1版第1次印刷
开本：880 × 1230　1/32　印张：6
字数：107千字　定价：25.00元

前言

生活中，平凡的你是否有这样的感受：为什么我这么努力，还是很贫穷？为什么我的努力上司总是看不到？为什么我努力经营人际关系却不被人喜欢？为什么孩子这么不听话？为什么别人的生活就那么幸福……你有太多的为什么，一直在抱怨，一直在焦虑，但生活似乎并没有改善，并且，你还需要每天为各种琐事、为金钱或人际关系而殚精竭虑，到最后什么都没有得到，于是，你总是被深深的无力感所笼罩，此时，只要有一件不如意的事，就能让你的情绪顷刻间崩溃。

其实，你之所以有这样的“不如意”，主要来自于你内心的脆弱，脆弱的人才会任凭自己的情绪被周遭的事物影响，才会盲目攀比、无尽地抱怨，才会活在阴暗之中，相反，那些幸福、成功的人，他们都有一个强大的心灵。他们总是敢于走自己的路，在他们追求幸福、成功的道路上，也会遇到他人的非议、怀疑甚至是攻击，但无论遇到什么，他们都会听从内心的声音、坚持自己的信念、注重心灵的充盈。勇往直前，从不畏惧，而正是这种专注的精神，让他们免于忧虑，触摸和感受到了真正的幸福。

作家、企业家、激励演讲家丹尼尔·古铁雷斯曾说，接受自身的卓越之处主要意味着需要审视自己。“我知道在生命的大部分时间里，我一直都渴望变成自己永远都不可能成为的那种人。我想要变得更加高大、跑得更快、长得更美更白，而这一切都不是我所拥有的。接受你的卓越之处是指了解自己天生就具备卓越的形象，这就足够了。接受你的卓越之处是指深入体会痛苦与伤害，也要一并认识到我们对自身的很多了解都是不正确的。虽然我失败了很多次，但我自身却并不是个失败的人。”

我们的内心会为自己设置非常多的障碍，从而让自己一生都在不快乐之中挣扎，可以说，征服自己是练就强大心灵的前提，所以，不要急于打败对手，打败别人。如果你能够打败自己，打败自己的偏见、固执、懒惰，打败自己内心的自我限制，征服自己，你就会觉得自己比原来升华了，冲出了自己设置的藩篱，这样的进步，比任何一种竞争都更能使你更快获得进步。

有人说：“英雄征服世界，圣贤却征服自己。”这是中国文化的传统精神。征服世界容易，只要把自己的理想建立在打败别人上，又有什么困难呢？难道我们不是一直在潜意识里想着和别人一比高下，打败对手吗？潜意识中想要做的事，是无论多么困难，都觉得非常容易的。征服自己却不是那么容易的事。明明自己不喜欢做的事，非要逼着自己去做，明明觉得自己做不到的事，还要勉强自己努力去做到，这样的事情是难以做到的。

这是一本帮你重启心灵之门的智慧之书。本书会告诉你，真正幸福、成功的人生来自于练就强大的心灵，帮助我们找到让心灵归位的方法，让我们每个人都能变得强大，能更好地去应对这个世界。

当然，本书并不能让我们的内心坚不可摧，但是它足以帮你更加了解自己的内心，并掌握面对困境的方法。生活中仍然会有很多让我们恐惧的事物，但即使这样，我们也可以不对这个世界投降，因为勇者无畏。

编著者

2019年12月

目录

第 01 章

内心强大者，更容易成就自我

我们都知道，成功是属于强者的，任何一个人，只有内心坚韧、强大，才能打败困难和逆境，如果不相信自己的能力，如果缺乏意志力，那他就永远不会是事业上的成功者。然而，我们更需要明白的是，真正的坚强源于内心的自我认定，源于我们对生活、对未来、对目标的信念，这是奠定成功的基础，要知道，只有内心强大的人才能打败艰难困苦，才能步履轻盈、从容前行，从而活出不一样的人生。

内心坚强的人，更能触摸到幸福

生活中，相信我们每个人都有自己的理想，这种理想决定着我们的努力和判断的方向。但要想将理想化为现实，我们还必须要有必胜的信念，相信自己能做到，然后潜意识才会接收我们的指令，而后将之实现。

因此，每一个渴望成功的人都应该明白一点，只有激发心理力量、敢于尝试、有积极的意识，才能产生奋斗的激情；才能去完善、去超越、去增添勇气、创造奇迹。不行动，一切都不会实现。

其实，无论是企业经营还是开展新的事业或开发新产品，很多人思考的结果首先是没有信心：恐怕不行吧？恐怕做不好吧？但是，如果一味地顺从这个“常识性”判断，那么原本可以做的也变得不能做了。如果想真正做一件事情，首先要树立的是坚定的信心和强烈的愿望，两者缺一不可。

事实上，许多人在潜意识的激励下勤奋工作，会逐步成长为独当一面的高端人才，毕竟人有70%的潜能是沉睡的。

因此，我们也不难得出一点，我们如果想要达成期望，他人的激励是一个方面，而最重要的是我们要激发自己的心理力量，这样，你才能获得自信；你才能始终拥有向上的热情和奋斗的激情；你才能最终看到成功的曙光。

心理学家告诉我们："支撑一个人追寻理想的动力往往是自信。"自信是成功的助燃剂，一个人多一分自信，就多一分成功的可能。信心能使人们具备顽强的意志力，并可能会"起死回生"。

然而，要获得自信，就要改变潜意识，让积极的潜意识为自己服务。可惜的是，很多人终其一生，都忽略了或者很少发挥潜意识的作用，就连爱因斯坦、爱迪生这样的天才人物，一生中也不过运用了他们全部心智的不到10%。

因此，如果你希望自己能够得到重用，如果你希望自己成为一个成功的人，如果你不甘于平庸，就一定要从内心决定做第一。这样你才会有信心做到完美，你的个性也才会真正成熟起来。相反，不想做得更好，就会做得更差。如果你自甘沉沦、不追求卓越、懒得提高自己能力，那么，你是不会有所进步的。

当然，在人生路上，你不可避免地会遭遇困难和挫折，如果面对这些能够从容不迫、沉着冷静，那么在以后的人生道路上就没有什么可以阻止你的了。

生活中的人们，无论任何时候，都要相信自己，大胆地做你想做，但又害怕的事！只要你可以记住以下主要两点：

1. 鼓励自己，给自己打气

任何时候，都要自己给自己打气，确信自己的看法并在心中默念：我想我可以，我可以坚持下去。冲破一切艰难，不要让你的目标消失在你的信念里，一直打气，把眼前的事情一件一件地做好，那么，你就能一直以良好的状态达到目标。

2. 以积极的心态迎接挑战与困难

一个人如果拥有积极的昂扬向上的精神状态，他即使身处逆境，也不会感到绝望，不会放弃，能够坦然面对困难，并积极寻找解问题的办法。其实，人生中的许多事，只要想做，并坚信自己能成功，你就已经成功了一半。如果你毫无自信，优柔寡断，不敢超越环境和自我，那么你的生活就会一直黯淡无光。越是寄希望于奇迹来挽救自己的人，越是不会创造奇迹，生活中美好的事物历来只和敢于正视现实、迎接挑战、信心满怀的人结伴同行。

练就一个无坚不摧的强大心脏

石油大王洛克菲勒曾说："相信不如人愿的事屡屡发生，好事终将占得上风。"这句话的含义是，人生不如意十之八九，人一辈子会碰上许许多多的痛苦，这是我们无法避免的。痛苦可以让人颓废，也可以激发人的斗志，但只有内心强大的人才能战胜困难、获得幸福。

洛克菲勒曾在家信中对儿子说："经常跟消极的人来往，你自己也会变得消极。"洛克菲勒一生都喜欢与那些积极的、不屈服的人打交道，他喜欢挑战令人厌恶的逆境，因为他知道，那是通往成功最明智的选择。

生活中的人们，你也应该记住洛克菲勒的话，幸福总是青睐于那些不折不挠、勇往直前的人。当然，有人成功就必然有人失败，有一些一生都未走出人生低谷，导致一辈子都庸碌无为的人，是因为他们缺少一种精神，叫作勇气。

事实上，任何痛苦和逆境都是有意义的，因为这才是完整的人生。人生就如同一杯泡好的清茶，有浮有沉、有高有低，既有高高在上的显赫与辉煌，也有不高不低的低调与平凡，甚至还有在人生低谷受到的失落与打击，感觉前途灰暗时的自卑与放弃，但人生又能有几次大起大落？如果缺少这些快乐与痛苦、伤心与激动，那一个人的一生还能叫做完整吗？但凡为人，并不都是一帆风顺。他们走过了许多坎坷，经历了许多悲伤、许多忧虑……这些人生低潮是上天赐给你的，让你成长、让你变强的礼物。

曾经听过这样一个故事：伟大的所罗门王曾经做过一个梦，梦中的智者告诉他一句至理名言。记住这句话，可以让人在得意时不骄傲、失意时不痛苦。但是所罗门王醒来时却忘了这句话是什么，于是他召集了王国里最有智慧的长者，并且给了他们一枚戒指，告诉他们，如果想出这句梦中的话，就把它刻在这枚戒指上。几天后，戒指被送还给所罗门王，上面刻着：“一切都会过去！”

是的，一切都会过去的，无论发生什么，它都会成为过去，未来将会来临。当你感到情绪低落时请以这句话自勉。

当然，要想获得幸福，除了要拥有一颗坚强的心，还必须付诸实际行动。

你也许听过“猴子等明天”的故事：一只猴子被暴风雨淋得晕头转向、浑身发抖、无处可躲。于是，它决定明天一定造一所漂亮舒适的房子。可是，第二天雨过天晴，猴子却伸了伸懒腰：“等明天再造房子吧。”于是又尽情地玩耍去了。时间一天一天地过去了，猴子却一直没有把房子造好，直到暴风雨再次来临之时，它才后悔不迭。

明日复明日，明日何其多？我们决不能像那只贪玩的猴子那样，总把希望寄托给明天。抓紧时间，做今天的事，才是最实在的，才能解决当下的问题，找到出路。

当然，对于当下的痛苦，我们首先要做的就是坦然地接受，因为任何事情的存在，都必定会产生一些影响，我们首先要做的是承认这种影响，承认痛苦已经存在了。比如当你深爱的人刚刚去世或你感到死亡正在向你靠近，你肯定不会感到幸福，但是，你可以暂时接受它，处于一种平和的状态。相反，你越是抗拒，这件事情对你产生的影响就越持久。比如，你越是不相信你的爱人已经去世，你就越是陷在这种痛苦的泥潭中不可自拔。当然，承认低谷的存在与“我不愿再烦恼了”“我不可能再发展了，就接受这种状态吧。”这种态度是不一样的，这意味着你要接受那些你不能改变或当下改变不了的现实，不断地臣服于当下；不断地采取积极的行动，直到你取得理想的结果。

其次，我们要相信自己能走出痛苦，相信我们会获得成功和幸福，虽然现在你正处于不好的情况之下，但是要相信自己一定能跨过这个坎，经历这些你会变得更成熟、更强壮。

再者，我们应该重新审视自己、反省自我并调整自我，毕竟成长来自于磨难。

那么，当我们陷入痛苦的时候，该怎样让自己变得坚强起来呢？实际上，我们都知道，这是不容易的，但你可以缩短痛苦的时间，为此，你必须跨出第一步。你可以通过转移注意力的方式。做自己喜欢做的事情。你可能会想，我厌恶极了现在的工作，那么，你总有喜欢做的事情，不管是学外语，或者是学做料理、煮咖啡、登山，还是运动……只要能让自己变得积极一点，你就应该马上跨出一小步，给自己注入积极的汤剂。

总之，人生如同一场游戏，没有定数，所以又何必处处计较？不如保持信心与期待，胜不骄、败不馁，在这个美丽的人间留下自己坚实的足迹。或许你以为在你面前，是很难越过的一道鸿沟，其实当事情过去以后，你会发现，这在你人生路上是多么不显眼的一件事情，根本无须惊怕。所以，你应该重新扬起自信的风帆，鼓起劲儿地摇桨，向幸福的彼岸进发。

你不坚持到最后，怎样看到完美结局

人生在世，任何人都免不了遇到压力、痛苦、挫折乃至悲惨遭遇，面对这些，一些人会常常抱怨，会逃避。其实，这些带给我们的不仅仅是痛苦和沉重，还能帮助我们打造一颗强大的心脏，更能激发我们的潜能和内在激情，让我们的潜能得以开发。

的确，面对人生逆境，如果我们紧盯着消极的一面，不为自己的心理减负的话，我们的眼里就会充满苦难，就会发现脚下的路有沟有坎，一点都不平坦，于是就举步不前，停留在那块平地上，结果自然是一事无成。相反地，如果我们能换个角度看待现状，无论遇到什么样的压力和困难，都始终向前看，你看到的就是一条路，顺着路走下去，你就会发现路越来越宽，景色越来越美。

人们常说“置之死地而后生”。为什么生命在“死地”却能“后生”？就是因为“死地”给了人巨大的压力，并由此转化成了动力。没有这种“死地”的压力，又哪有“后生”的动力？这一点，也向我们证明了困境是有激励作用的。

在美国运动史上，有一位跳水运动员，在1967年的一次比赛中，她身负重伤，全身瘫痪，动弹不得，无奈，她不得不告别运动生涯，这让她无法接受，几乎到了绝望的境地。然而，痛苦之后，她开始冷静思考自己的人生价值。她突然明白：我是一名跳水运动员，身体残疾，让我无法再参加跳水，但生命的意义不只是跳水，为什么不能在其他道路上奋斗呢？

然后，她想到了读书时代的她曾热爱画画。于是，在调养一段时间后，她重新拿起了画笔，手不行的话，就用嘴，渐渐地她学会了怎样用嘴画画，练习的过程是痛苦的，有时候，她累得连画纸都被汗水浸湿了，整个人也都累得头晕眼花。这一练就是很多年，付出也总是有回报的，她的油画在一次展览上得到了绘画界的认可。

而后，她又机缘巧合转战文学界。

当时，她在绘画界获得名气后，有一家刊物向她约稿，希望她能将自己练习绘画的经历写下来，然而，即便是很认真地写，她却依然没写成功，这件事让她感悟颇深，她决定要认真练习，提升写作水平。

这一练又是很多年，最终，她成功了。她出版了自己的自传，轰动了文坛，她收到了数以万计的热情洋溢的信。

两年后，她的《再前进一步》一书又问世了，这本书给很多残疾人精神上的鼓舞，告诉大家身残志不残，她成了千千万万青年永不服输、自强不息的精神楷模。

她就是乔妮·埃里克森。

人生境界就是如此。在你的生命中，不论是面对爱情、事业、学业时，如果你勇往直前，到后来竟然发现那是一条绝路，难免产生山穷水尽悲哀失落的心情。此时不妨往旁边或回头看看，也许有其他的道路，即使根本没有路可走了，也可以朝天空看看，虽然身体在重压下，但是心还可以畅游太空，体会宽广深远的人生境界，再也不会觉得自己穷途末路。

的确，在人生道路上，困难和挫折是难免的，尤其是希望有一番成就的人们，更要有心理准备，人生会起起伏伏，我们无法预料，但是有一点我们一定要牢牢记住：我们要打造摔不碎、击不垮的强大心脏，当你遇到逆境时，千万不要忧郁沮丧，无论发生什么事情，无论你有多么痛苦，都不要整天沉溺于其中无法自拔，不要让痛苦占据你的心灵。困难来临时，我们要有勇气直面困难并且做到一直向好的方向行进，这才是一种努力达到和谐的状态，那么，你最终将战胜困难。

实际上，上天对我们每个人都是公平的，为什么有些人能攫取成功的果实，有些人却只能甘于平庸？其中一个很大的原因就在于他们是否有走出困境的毅力。命运在为我们创造机会的同时，也为我们制造了不少“麻烦”。如果你在“麻烦”面前倒下了，你也就失去了成功的机会；如果你经过挫折、失败的锤炼后变得更加坚强，你就是真正的强者。不甘于平庸，不想成为失败者，那你就要有勇气面对困境和压力，而不是懈怠和逃避。

勇于发出与众不同的声音，形成自己的优势

我们都知道，人生短暂，在我们追求目标的过程中，困难比比皆是，如果我们能坚持梦想、排除万难，就没有什么做不到的。其实，这个道理很简单。以挖井为例，找到了水源之后，就要奋力往深处挖，而如果打一枪换一炮，最终，你获得的不过是一个个的土坑而已。而在挖掘中所消耗的时间精力，已经永远找不回来了。

丘吉尔说过这样一句话："成功的秘诀就是：坚持、坚持、再坚持！"世上所有的成功，都产生于再坚持一下的努力之中了！成功也许真的只是一种"坚持"，当成功与失败的比例是三七开时，坚持的时间越长，成功的机会就越大。凡事坚持，不屈不挠，就有了赢的姿态。

大哲学家苏格拉底有着非同常人的智慧，为此，很多人都来向他求教。

一天，一名学生问他："老师，我也想成为和您一样的大哲学家，但我怎么样才能做到呢？"

苏格拉底说："很简单，只要每天甩手300下就可以了。"

有的学生说："老师，这太简单了，别说是甩手300下了，就是3000下、30000下也可以啊！"苏格拉底笑了笑没有说话。

一个月过去了，苏格拉底问："那么，有多少同学每天坚持甩手300下啊？"很多学生都骄傲地举起了手，大概有90%的人。

又一个月过去了，苏格拉底又问："还有多少同学在坚持啊？"这回比上次少了10%的人。

时间一天天地过去了，一年以后，苏格拉底还重复着当年的问题："还有同学在坚持每天甩手300下吗？"此时，大家都低下了头，因为他们都没有做到，这时，一个同学举起了手，他的名字叫柏拉图，后来也成为了像苏格拉底一样的大哲学家。有人问他成功的秘诀是什么，柏拉图微笑着说："甩手，而且甩得足够久……"

这个哲理故事同样告诉生活中的每一个人，无论做什么事，如果你想成功，就要脚踏实地，从小事做起，没有人生下来就是伟大的人。每天坚持做同一件小事也很不容易，就像每天甩手三百下。一个月大部分人能坚持，一年过去了却只有一个人能坚持，只有学习柏拉图这种坚持不懈的精神，才能成为像他和苏格拉底一样成大事的人。当你认真对待每一件小事，你会发现自己的人生之路越来越广，成功的机遇也会随之而来。

的确，世间最容易的事就是坚持，最难的事也是坚持。

成功在于坚持，这是一个并不神秘的秘诀。信念上超前一些，行动就会领先一步，成功的概率也就越大一些。成功的秘诀就是，当你渴望成功的欲望就像你需要空气那样强烈的时候，你就会成功。

法国启蒙思想家布封曾说过：“天才就是长期的坚持不懈。”的确，无论我们做什么事，要取得成功，坚持不懈的毅力和持之以恒的精神是必不可少的，它将是我们取得成功的法宝。歌德用激励的语言这样描述坚持的意义：“不苟且地坚持下去，严厉地鞭策自己继续下去，就是我们之中最微小的人这样去做，也很少不会达到目标。因为坚持的无声力量会随着时间而增长，到没有人能抗拒的程度。”

然而，目标有时遥遥无期，总也望不到头。你也许正在艰难中坚持却疲倦不已，如果这时放弃，以前的努力都将白费，所花的心血都是徒劳。而只要再坚持一会儿，再加一把劲儿，眼前就有可能是别有洞天，豁然开朗。当你拨开迷雾重见阳光的一刹那，你会觉得所做的再苦再累都是值得的。

艾森豪威尔也说：“在这个世界，没有什么比‘坚持’对成功的意义更大。”的确，世界上的事情就是这样，成功需要坚持。雄伟壮观的金字塔的建成正因为它凝结了无数人汗水的结晶；一个运动员要取得冠军，前提就是必须要坚持到最后，冲刺到最后一刻。如果有丝毫之松懈，你就会前功尽弃，因为裁判员并不以运动员起跑时的速度来判定他的成绩和名次。

席维斯·史泰龙是世界电影史上响当当的名字，他曾经被拒绝了1000次，但却第1001次继续努力。

曾经，他的身上只有100美元和一部根据自己悲惨童年生活写成的剧本《洛奇》。而这，就是他追梦的全部家当。

在当时的美国好莱坞，一共有五百家电影公司，他带着剧本挨家挨户地访问，但是没有一家愿意录用他。

每当他被拒绝后，他都告诉自己，再坚持一秒，就这样，他接连被拒绝了1000次，然而，他没有放弃希望，他把1000次的拒绝，当做是绝佳的经验。接着他又鼓励自己从1001次开始。后来又经过多次上门求职，总共经历了1855次残酷的拒绝，终于有一家电影制片公司同意采用他的剧本，并聘请他担任自己剧本中的男主角。

史泰龙的成功，更加证实了坚持的道理。在机遇面前。行动固然重要，但坚持更为重要。

在追梦的过程中，你永远都不要放弃心中的希望，如果遇到困难，把困难当成人生的考验，不要在困难面前茫然退缩，更不要不知所措迷失自己，满怀希望地为着自己的梦想而努力，相信终有一天，你会走出低谷，走向光明。现实是美好的，但又是残酷的，关键在于面对困难，你是否具有韧性，能否坚持到底。

总之，任何一个人，都必须要懂得，无论哪一种策略，只有坚持才会有价值。也只有坚持到底的人，才能经受机遇的层层筛选，并最终获得它的垂青。

勇于拼搏，激发内心的斗志

有人说，人生是一场面对种种困难的“无休止挑战”，也是多事多难的“漫长战役”，这场战役必须由我们每个人自己去打，其他人是无法代替的。面对问题，若我们总是缺乏主动性和信心，那么，你的这场人生之战最终是会失败的。哲人说：“一个人，扮演的无非是两种角色，支配者和被支配者。人生不能总担任被人支配的角色，为此，我们就要学会支配。”这句话要告诉我们的是，任何一个人，如果不想被支配，就要用支配来反抗被支配，任何人只有破除对他人的依赖、顺从，发出自己的声音，看到自己的优势才会找到自我，活出自我。

小仲马是法国著名的小说家，他从小在父亲大仲马的耳濡目染下就开始喜欢文学创作，尤其是写小说，但在他开始创作的头几年，他的稿子总是被编辑退回来，他很苦恼。

看到儿子如此受打击，大仲马对他说：“你可以直接告诉他们你是我的儿子，那么，也许情况会好很多呢？”

小仲马固执地说：“我绝不，如果这样，那么，我就是踩在你的肩上摘苹果，用这种方法摘到的苹果又有什么味道呢？”他拒绝了父亲的建议，并且还给自己取了十几个不同的笔名，并且用这些笔名给很多编辑寄了自己的文章。

当然，小仲马后来还是接连不断地遇到退稿的情况，但他并没有沮丧，而是鼓励自己一定会成功。

后来，他寄出了自己的长篇小说《茶花女》后，这次，他的文章震撼了一位老编辑，这位老编辑是细心的，他发现，这篇小说的寄出地址和自己多年的好友大仲马的地址是一样的，因此，他怀疑这是大仲马采取了另外一个笔名写的作品。所以他带着这些疑问去拜访大仲马。

然而，令他没想到的是，这部小说的作者竟然是大仲马的儿子小仲马。“你为何不在你的稿子上署上你的真实姓名呢？”老编辑不解地问小仲马，小仲马说：“我只想拥有自己真实的高度。”

从小仲马的故事中，我们每个人都要记住，一个人，只有自立，才能做真正的自己，才能成为一个强者。的确，自立是生存之本，我们每个人都必须独立面对人生路上的种种困难，我们活出自己的精彩，才能实现自己远大的理想和美好的愿望。

自立是一个人在生活中开展一切活动的基础。所谓自立，指的不仅仅是一个人独立、自主地做一件事，更是一个人在处理某些事时的勇气。

关于自立，爱默生在其文章《自立》中阐述得很清楚：人活着就是要相信自己；不要太在意别人怎么想，不要被他人奴役……当然，在现实生活中，要使自己的言行举止真正与这几点相吻合，恐怕有些困难。但你必须努力去做，因为这些内容都是衡量个人尊卑的标准。一个自立的人才能做到自主，才能令人尊敬，而那些甘愿成为别人附庸的寄生虫则会让人鄙视。

一个人，活着就必须要活出自我，就要学会支配自己的大脑，就要有自己的主张，这样才能维持一个人的格调。

可见，我们一定要有自己的想法，要有自己的原则，当你认为自己的观点是正确的时候，就要发出自己的声音，而不必要为了讨好别人而迎合别人，也没必要因为害怕得罪人而对别人的要求来者不拒。

如果你是个无主见的人，那么，你就要做出一些改变：

1. 敢于坚信自己

日常生活和学习中，你的意见难免与他人的不同，此时，如果你认为自己的观点是正确的，就要坚持。在面对社会的时候相信自己正确，你才敢走自己的路，才能不怕失误、不怕失败。在大多数情况下，不敢自信走“小路”的人，通常也难成为创新型人才。

2. 敢于打破各种定见和共识

如果你想成为一个有创造力的人，第一，不要迷信权威；第二，不要太依赖他人，学会独立思考；第三，摒除观念思维、经验主义等主观定式，不要给自己戴上思维枷锁。你不仅需要敢于挑战书本的权威，也需要敢于自我否定。

3. 敢于否定他人

独立思考是否定他人、提出不同意见的前提，反过来，做到后者，你也会逐渐学会独立思考。

4. 独立面对各种难题

正如一位名人所说："所谓成长，就是去接受任何在生命中发生的状况。即使是不幸的、不好的，也要去面对它、解决它，使伤害减至最低。所谓的成长，所谓的智慧，所谓的成熟，都不过如此。"这样的你才能独当一面，成为一个自立自强的人。

拿破仑说："人多不足以依赖，要生存只有靠自己。"德田虎雄说："人，谁都想依赖强者，但真正可以依赖的只有自己。"福泽谕吉说："没有独立精神的人，一定想依赖别人；依赖别人的人一定怕人；怕人的人一定阿谀谄媚人。"

总之，我们都要明白，一个人要想取得事业上的成功，甚或一个小小目标的达成，必须首先敢于发出自己的声音，要完全自立。因为自立是我们立身处世的基础，没有自立，我们将寸步难行。

第 02 章

熬过了那段难熬的时光，你就是强者

有位哲人说过："假如上帝在你面前放下了一座山，你绝不要在山脚下哭泣！翻过它就是了！"多么富有哲理的话呀！我们确实要用希望的力量来武装自己，接纳和承受必须承受的，然后勇敢地去翻越挡在自己面前的那一座座生活的高峰，你就会迅速变得强大。所以，在生活中，无论遇到什么事，我们都不要抗拒，都要保持积极乐观的心态，相信一切问题都会解决的。

接纳了不幸，才更能体悟幸福

有的时候我们不得不承认，人与人先天就存在差异，这是不可回避的事实。然而，真正的强者不是拥有完美的人生，而是勇于接受各种磨炼，只有这样，他的翅膀才会更坚硬，才能飞得更高、更远。

有人说，上帝在考验人们之前，早已经有了他的标准，因为你还稚嫩，还没有经历过磨难，所以，他会用更多的艰辛来历练你。如果你能积极地接受生活给予的一切，那么，你就是生活的强者。

因此，我们每个人，都不要埋怨生活的不幸，请记住，上帝没有给你一条更为平坦的路，是因为他要让你更快成熟，让你最终获得幸福。

我们来看看斯蒂芬·威廉·霍金的故事：

英国著名物理学家和宇宙学，家喻户晓的斯蒂芬·威廉·霍金1942年出生于英格兰。

霍金本人毕业于牛津大学和剑桥大学，并获剑桥大学博士学位。

1959年17岁的霍金入读牛津大学的大学学院攻读自然科学，仅用了很少时间就得到一等荣誉学位，随后转读剑桥大学研究宇宙学。1963年，21岁的他不幸被诊断患有肌肉萎缩性侧索硬化症，即运动神经细胞病。

当时，医生曾诊断身患绝症的他只能活两年，可他一直坚强地活了下来。

因为即使面对这样的打击，霍金并没有自暴自弃，而是继续学习和科研，一直以乐观的精神和顽强的毅力攀登着科学的高峰。

后来，霍金于牛津大学毕业以后，长期从事宇宙基本定律的研究工作。他在自己所从事的研究领域中，取得了令世人瞩目与震惊的成就。

曾经，在一个学术报告会上，一位记者问及了一个令在场所有人都感到吃惊的问题："霍金先生，疾病已将您永远固定在轮椅上，您不认为命运对您太不公平了吗？"

这个问题，显然是最触及霍金的神经的，也是不好回答的，当时，现场鸦雀无声，没人会知道霍金怎么回答。

霍金听完这个问题后，缓缓地将自己的头靠在椅背上，然后微笑着，用自己唯一能动的手敲打着键盘，这时，屏幕上显示出这样一段话："我的手指还能活动，我的大脑还能思维，我有终生追求的理想，我有我爱和爱我的亲人和朋友。"

顿时，报告厅里响起了经久不息的掌声，那是从人们心底迸发出的敬意和钦佩。

科学巨人霍金就是一位生活的强者，他多次向我们证明，即使命运对你有诸多的不公平，只要你足够坚强、有自信，你依然可以活出自我。如果你不能改变那些外在的缺陷，请不要悲伤，也不要失望，反而应该庆幸，那些成功的人并非是完人，只是因为他们能在困难面前依然微笑着面对。而实际上，没有人是毫无缺点的，只是在你的内心，这个缺点份额的大小问题，如果你将缺点无限放大，那么，它将会腐蚀你的心，阻碍你的成功。如果你能正视那些不足和缺点，并将缺点限制在一定的范围内，它就会成为你的动力和奋斗的催化剂，助你成长、成功。

然而，在面对不幸时，总有人不停地抱怨，不断地自责。这样一来，会将自己的心境弄得越来越糟。这种对已经发生的无可弥补的事情不断抱怨和后悔的人，注定会活在迷离混沌的状态中，看不见前面一片明朗的人生。之所以这样，是因为经历的磨炼太少。正如俗语说的那样：天不晴是因为雨没下透，下透了，也就晴了。

曾经有一对孪生兄弟，哥哥叫伊恩，弟弟叫杰森，兄弟二人帅气十足，但命运是不公的，他们遭遇了一场火灾事故，所幸消防员从废墟里扒出了他们兄弟俩，他们是那场火灾中仅幸存下来的两个人。

醒来后，兄弟俩早已面目全非。弟弟杰森无法接受眼前的现实，无法活下去的念头从他的思想走进了他的潜意识，他总是自暴自弃地重复着一句话：“与其这样还不如死了算了。”最终，他偷偷服了50片安眠药，离开了人世。

伊恩十分痛苦，但他仍然一次次地暗示自己：“我生命的价值比谁都高贵。”后来，他当了一名货车司机。

一天，伊恩仍像往常一样送一车棉絮去加利福尼亚州。天空下着雨，路很滑，他把车开得很慢。此时，他发现不远处的一座桥上站着一个人。伊恩紧急刹车，汽车滑进了路边的一条小水沟里。这时，年轻人已经跳进了河里。伊恩赶快上前施救，却不想年轻人被他救起后还连续跳了三次，伊恩并没有放弃这条生命，一次又一次将其救起，甚至最后一次他自己差点儿被大水吞没。

后来伊恩才知道，他救的是位亿万富翁。亿万富翁感激他给了他第二次生命，并和伊恩一起干起了事业。于是伊恩从一个积蓄不足10万元的司机，凭着自己的诚信经营，发展成了一个拥有3.2亿元资产的运输公司的董事长。几年后医术发达了，伊恩用挣来的钱恢复了自己的面容。

一对孪生兄弟，为什么命运如此不同？因为他们的心态不同，面对毁容，弟弟杰森无法接受，选择自杀结束了自己的生命，而伊恩却始终告诫自己，自己的生命价值比谁都高贵，他努力活了下来，后来，他用同样的信念救了另外一个轻生的年轻人，从而改变了自己的命运。

总之，你需要记住，任何收获都不会轻易得来。如果你的生命中多了些安逸，那么，你就少了些张力，如果你能笑对各种磨炼，你就能获得成长，获得幸福。

无论如何，别让内心被怨恨占据

我们都知道，红尘滚滚，荆棘丛生，人生的道路曲折而漫长。生命之旅不会一帆风顺，总会出现一些风风雨雨，我们总会因此而感到痛苦、不如意，乃至悲伤。有时候，伤痛本身并不可怕，可怕的是由伤痛产生的怨恨。一些人面对伤痛，要么沉溺其中，自怨自艾，要么埋怨命运，埋怨他人，甚至做出伤害自己和他人的事，最终后悔终生。

那么，在伤痛面前，我们该如何呢？美国大诗人朗弗罗曾说："乌云后面依然是灿烂的晴天。"这句话告诉我们，人生路上，不管遇到什么，都要乐观面对。莎士比亚说过："聪明的人永远不会坐在那里为自己的损失而哀叹。他们会用情感去寻找办法来弥补自己的损失。"毛主席曾赠柳亚子诗曰；"牢骚太盛防肠断，风物长宜放眼量。"意思是说对待困惑，眼睛要看得远，心要想得开，做到不疑不愁不怒，豁达乐观，这样才能烟消云散、天高地阔，去迎接生活的每一天。

1985年9月19日清晨7时19分，墨西哥西南岸外太平洋底发生8.1级强震，震波约2分钟到达墨西哥城。顿时，整个城市突然剧烈颤动，仅仅90秒钟的时间，市中心30%的建筑物便化为瓦砾。在这次地震前的几小时，可爱的胡安娜·哈斯敏·阿利亚斯出生了，在那场灾难中，她不幸地失去了妈妈，但同时她又很幸运，她是当年警察和士兵们从墨西哥城华雷斯医院废墟里救出的第一个孩子。

爸爸因为无法承受失去妻子的痛苦而和年幼的胡安娜疏远。一直以来，她都住在自己的姨妈家中。但当别人问胡安娜"那场灾难让你失去了母亲，你有什么想法"时，胡安娜并不会觉得又一次被触碰了伤疤，她从没觉得自己和身边的其他人有什么不一样。对她而言，抚养她长大的姨妈给了自己全部的爱，姨妈就像母亲一样。妈妈能给予的，姨妈也毫无保留地给予了她。

胡安娜说，正因为知道自己能活下来就是生命的奇迹，所以她要做的就是"朝前看"。现在的胡安娜已经结束了在墨西哥工业技术研究和服务中心的时尚设计课程，她希望在政府专项帮助"奇迹婴儿"的项目资金的支持下，再去学习英语，并上完大学课程。

的确，胡安娜的心态是值得很多人学习的，灾难已经发生，就不要再回首，当你回头往后看那个绊倒你的坎时，你又会想起以前的不幸经历，之前的伤疤又会被重新揭开，隐隐作痛。把头抬起来，天空依然星光灿烂。苦难有时会置人于死地或让人颓废，但有时也会使人爆发巨大的潜能，快速地成长。

生活中的人们，无论你在生活中遇到什么，你都要乐观，抛却那些伤心的往事，抛却那些失败后的懊恼吧，若想开心地生活，就必须勇于忘却过去的不幸，重新开始新的生活。

米歇尔是个命途多舛却又传奇的人。

他46岁那年在一次交通事故中受伤，整个人被烧得体无完肤。并且，时隔四年，他又遭遇一次坠机事件，下半身全部瘫痪。

第一次，他被送往医院，在医生的抢救后，他醒过来，他发现自己的大部分皮肤已经被烧毁，他周围躺的病人也是和自己情况差不多，充斥在耳边的是大家对命运的抱怨：“为什么我要遭受这种痛苦，上天为什么要这样对我，还不如死了算了。”

然而，米歇尔却有着完全不同的反应，他问自己：“我还拥有些什么呢？我该怎样做才能重新站起来，我还能做些什么呢？”

有趣的是，在那段难熬的日子里，他竟然还结识了医院一位漂亮的女护士，他爱上了她，并且，他完全没有在意自己身体上的缺陷，竟然想要与女护士约会，在别人看来，这简直是痴人说梦，可是谁会想到一年半后两人竟然交往得很顺利，并结为夫妻。

米歇尔顽强的精神让他成为《今天看我秀》及《早安美

国》节目中的嘉宾，同时《前进杂志》《时代周刊》《纽约时报》及其他出版物也都有米歇尔的人物特写。

米歇尔为什么能创造奇迹？因为他的心态一直都是正面的、积极的，因此，即使在灾难面前，他依然拥有好心情，他看到的就是希望，于是，他最终战胜了困难。米歇尔说："我完全可以掌控我自己的人生之船，那是我的浮沉，我可以选择把目前的状况看成是一个新的起点。"

总之，积极的心态会使人看到希望，保持进取的旺盛斗志。反而，消极的心态使人沮丧、失望、限制和扼杀自己的潜能。积极的心态创造人生，消极的心态消耗人生；积极的心态是成功的起点，消极的心态是失败的源泉。选择了积极的心态，就等于选择了成功的希望；选择消极的心态，就注定要走入失败的沼泽，所以，如果你想拥有快乐的人生，就必须正视伤痛，放弃怨恨，摒弃这种扼杀你的潜能、摧毁你希望的消极心态。这样的人生，才过得有意义。

别抗拒伤痛，才会让伤痛自愈

我们都希望人生一片坦途，但结果并不一定如我们想象那般，似乎总是会出现我们无法预料的因素，那么，我们面对不能避免、不可改变的事实，比如在伤痛面前，接纳伤痛，然后做出积极乐观的反应。因为接受伤痛，伤痛就会软化；抗拒伤痛，伤痛就会变得更加坚硬。

有一天，在某个公交站牌处，一个小女孩和妈妈起了争执。

小女孩有点生气地对妈妈说："我就要去海边玩，为什么你不让我去？"

妈妈劝她："不是早说过了吗，今天出太阳了咱就去，但今天没有出太阳啊！而且天气预报说还可能要下雨呢，还是改天再去吧。"

"妈妈骗我，今天出太阳了……"

妈妈笑了起来，问道："哪里有啊？不要骗人，你说说，太阳到底在哪儿？"

小女孩抬起头来，东看看西瞧瞧，然后指着天空喊："那不是在那儿嘛。"

"没有啊，那只是乌云而已呀。"

"对呀！"没想到，小女孩一副非常认真的样子，"太阳就躲在乌云的后面呢，等一会儿乌云一走开，不就出来了吗？"

听到小女孩的话，所有等车的人都笑了。

对于积极的人来说，太阳每天都在天空中，虽然有的时候我们看不见它，那是因为它正躲在云的后面，而乌云总有散开的时候，就如人生总有诸多的幸福会接踵而来一样。那么，对你来说，乌云密布的时候，你是怎样看待的呢？如果你也能看到乌云后的太阳，那么，你也是个积极的人。

在生活中，我们常听到人们这样说："人有悲欢离合，月有阴晴圆缺。"的确，人生充满无常，没有永远的平平坦坦、一帆风顺，遇到些挫折和磨难在所难免，在伤痛中学会坚强，才能更好地感知生活、拥抱生活、创造生活、享受生活。

我们都要明白这样一个浅显而深刻的道理，人这一生是要经历许许多多的磨难与痛苦的。当我们所承受的痛苦越多，这说明你获得成长的机会就越多，面对失败、痛苦时，我们应该勇敢地、微笑地接纳它。如果你能鼓起勇气，尽自己最大的努力去战胜它，那么你就会发现，痛苦的阴霾被驱散后，头顶上便是一片蔚蓝的天空。

实际上，对于心中有目标的强者来说，挫折和磨难是上天给予的奖励，可以从挫折和磨难中自省自悟、吸取教训、重整旗鼓。挫折就是一份财富，经历就是一份拥有。淬火洗礼、愈挫愈坚、愈挫愈勇、坚如磐石，他们从中得到淬炼、得到成熟、得到成长、得到收获，此时的挫折和磨难，只不过是其成功道路上的一块垫脚石。而挫折和磨难对弱者来说，是一道深不可测、无法逾越的鸿沟，甚至是他们自己的坟墓。驻足在这条鸿沟旁边，他们瞻前顾后、徘徊观望、唉声叹气，却没有想到这条沟正是自己给自己挖的，他们失去了战胜挫折和磨难的信心和勇气，自己放弃了很多本该和本能得到的美好东西。

在推销员中，广泛流传着一个这样的故事：

两个欧洲人到非洲去推销皮鞋。由于炎热，非洲人向来都是打赤脚。第一个推销员看到非洲人都打赤脚，立刻失望起来："这些人都打赤脚，怎么会要我的鞋呢？"于是放弃努力，失败沮丧而回；另一个推销员看到非洲人都打赤脚，惊喜万分："这些人都没有皮鞋穿，这皮鞋市场大得很呢。"于是想方设法，引导非洲人购买皮鞋，最后发大财而回。

这就是心态不同导致的天壤之别。同样是非洲市场，同样面对打赤脚的非洲人，由于一念之差，一个人灰心失望，不战而败；而另一个人满怀信心，大获全胜。

在顺境中的思考，能使我们保持清醒的头脑、稳健前进的脚步；在逆境中的思考，能使我们找到失败的症结，踏上通往成功的道路。

因此，我们要追求成功，就必须要做好随时迎接艰难险阻的准备，不要因为一时的失败而灰心丧气，而应该勇敢面对，努力拼搏，始终坚信"阳光总在风雨后"。古往今来，所有功成名就者都懂得"失败乃成功之母"的道理，为什么我们就偏偏要被失败打倒呢？

那么，我们该如何接纳痛苦然后调整自我呢？

1. 积极暗示自己

生活是千变万化的，悲欢离合、生老病死、天灾人祸、喜怒哀乐，都在所难免。一次被拒绝的失望、一场伙伴间的误会、一句过激的话语，都会影响我们的心情。生活中不顺心的事总是很多，这就需要我们学会调节自己的心态。

那么，应该怎样调节呢？最简单有效的做法——用积极的暗示替代消极的暗示。当你想说“我完了”的时候，要马上替换成“不，我还有希望”；当你想说“我不能原谅他”的时候，要很快替换成“原谅他吧，我也有错呀”等等。平时要养成积极暗示的习惯。

2. 告诉自己“总会有别的办法可以办到”

竞争激烈的市场中，每天都有新公司成立，但每天也有公司停止运营，那些半路退出的人说：“竞争太激烈了，还是退出保险些。”真正的关键在于他们遭遇障碍时，只想到失败，因此才不会成功。

你如果认为困难无法解决，就会真的找不到出路。因此，你一定要拒绝“无能为力”的想法，告诉自己“总会有别的办法可以办到”。

的确，我们的人生就如同大海里的船舶，随时都可能经历风浪，没有不受伤的船，也没有不经历磨难的人生。面对失败，面对伤痛，我们不应该一味地怨天尤人和自暴自弃，而应该学会坚强、学会乐观，要学会控制好情绪，更要会调整自己的心态。保持好精神，拥有好心情，才是至关重要的。

经历了最低谷，你才有一飞冲天的气势

人生中有许许多多我们始料不及的事情，正是“欲渡黄河冰塞川，将登太行雪满山”。但是如果不能承受磨难，选择跌倒后爬不起来，就绝不会涌出“长风破浪会有时，直挂云帆济沧海”的凌云壮志，万千豪气！同样，现代社会，在为目标拼搏的路上，我们也会面临各种各样的痛苦，然而，它带给我们的不仅仅是痛苦和沉重，还能激发我们的潜能和内在激情。要记住，只有将自己放倒在地，你才能发现自己的价值。

心灵大师彼尚曾言：“不论我们见到什么，都只是整幅图像的一个细小部分。”因为我们不能看见整幅图像，表面上看起来是对我们好的事，可能实际上并不是。反而，我们认为的坏事，事实上对我们却有帮助。

可见，磨难并不是你必须去除和消灭的敌人，而是你最真诚的朋友。因为，它们给你带来的是最可遇而不可求的生命领悟，如果当你把这些带来礼物的朋友当成敌人，你就收不到它馈赠的珍贵礼物。

美国麻省的艾摩斯特学院曾做过这样一个很有趣的实验，他们用很多铁圈把一个小南瓜整个箍住，当南瓜长大时观察它能够承受铁圈多大的压力。刚开始时，他们估计南瓜最多能承受500磅左右的压力。第一个月，他们发现南瓜已经承受了500磅的压力。到了第二个月，南瓜承受了1500磅的压力。而当它

承受的压力达到2000磅时，研究人员就必须把铁圈捆得更牢了，否则南瓜就会将铁圈撑断。最后，整个南瓜承受的压力超过5000磅，瓜皮才破裂。然而当他们打开南瓜后发现，南瓜已经不能吃了，因为在试图突破铁圈包围的过程中，它的果肉已经变成了坚韧牢固的纤维。为了吸收足够的养分突围，它的根须延展到了整个培植园。

植物为了承受压力，会让自己变得更强，其实人也一样，要变得更坚强、更有力，也同样需要激情、紧张和压力。常听一句老话叫作“置之死地而后生”。为什么生命在“死地”却能“后生”？就是因为“死地”给了人巨大的压力，并由此转化成了动力。没有这种“死地”的压力，又哪有“后生”动力？

有这么一副对联是这样写的：有志者，事竟成，破釜沉舟，百二秦关终属楚；苦心人，天不负，卧薪尝胆，三千越甲可吞吴。联中所写的两个故事，其实都是逆境带来的胜利。没有破釜沉舟的果断，哪有不胜则死的逆境？没有逆境，又哪有“百二秦关终属楚”的战绩？没有亡国之恨的耻辱，又哪有卧薪尝胆的坚韧精神？没有卧薪尝胆的二十年，又哪有三千越甲一举吞吴的胜利？这都是逆境激发起了人的斗志，从而让人最终战胜他人、战胜自己，获得成功。逆境能让徘徊者迈出坚定的步伐；能让失败者鼓起再战的勇气；能让落后者奋起；能让成功者警惕。

如果说，人一生的发展是不易反应的药物，那么逆境就是一剂高效的催化剂。它不是鼓励你成功，而是逼迫你成功，让你没有选择不成功的余地。

新东方总裁俞敏洪在他的博客里讲过一个关于捡砖头的故事。俞敏洪的父亲是个木工，常帮别人建房子，每次建完房子，他都会把别人废弃不要的碎砖瓦捡回来，有时候父亲在路上走，看见路边有砖头或石块，他也会捡起来放在篮子里带回家。

久而久之，家里的院子就多出了一个乱七八糟的砖头碎瓦堆。直到有一天，俞敏洪的父亲在院子一角的小空地上开始左右测量，开沟挖槽，和泥砌墙，用那堆乱砖左拼右凑，建成了一个让全村人都羡慕的院子和猪舍。

当时俞敏洪只觉得父亲一个人就盖了一间房子，很了不起。长大后，俞敏洪才从“一块砖头到一堆砖头，最后变成一间小房子”中体悟到做成一件事情的全部奥秘。

“一块砖没有什么用，一堆砖也没有什么用，如果你心中没有一个造房子的梦想，拥有天下所有的砖头也是一堆废物，但如果只有造房子的梦想，而没有砖头，梦想也没法实现。”哪怕家里穷得揭不开锅的时候也不要怕，要不急不躁，学会忍耐，要积攒足够的砖头来造心中的房子。而捡砖头的精神后来也就成为俞敏洪做事的指导思想。

或许你仍在向往一帆风顺，可是面对现实的曲折的人生，所谓的一帆风顺只能是心灵的一种慰藉。坚信唯有奋斗不息才能够成为命运的主人，而在这一步步的努力中，你必须学会忍耐。

罗曼·罗兰曾说：“只有把抱怨别人和环境的心情，化为上进的力量才是成功的保证。”经受别人的考验、提升自身的张力，你才会在人头攒动的人海中脱颖而出。

礁石，想要展现浑然天成的光滑弧度，就必须接受海水无数次的冲撞；河蚌，想要孕育出晶莹的珍珠，就必须接受沙砾残忍的侵蚀；雄鹰，想要搏击长空，就必须忍受一次次试飞的跌落；人，也是一样，庸人把磨难当作“命运多舛”，而智者却把磨难当成一种财富。

实际上，上天对我们每个人都是公平的，它在为我们创造机会的同时，也为我们制造了不少磨难。如果你倒下了，那么你也就失去了成功的机会；如果你经过逆境的锤炼后变得更加坚强，那么你就是真正的强者。

无须别人同情，你要认可你自己

我们都知道，人生在世，痛苦无可避免，那么，如何超越痛苦、变得强大呢？对此，哈佛医学院心理学大师吉莫博士曾说：“别人的同情让自己显得弱小，自我同情会让我们变得强大”。这句话的意思是，不与自己对抗，你就会更强大，他从自己几十年的从业心得中得知，跟自己过不去，是很多人痛苦的根源，如果你温柔地对待痛苦，痛苦就会温柔地对待你。

事实上，我们的生命正因为挫折而精彩。因此，在挫折面前，我们必须要具备一定的承受挫折的能力，在既定事实面前，与其终日惴惴不安，还不如坦然接受，当然这需要我们历练一份坦荡的心境，只有这样，我们才能以豁达的胸怀来应对生活中的每一份酸甜苦辣，让原本平淡乏味的生活焕发出迷人的色彩。

布鲁尼是一名癌症患者，已经是晚期了，医生宣布他只有一年的生命。在得知自己生病之前，布鲁尼的性格非常内向，过于胆小谨慎，总是担心很多东西。

后来，他在朋友的推荐下，认识了一位催眠师，催眠师对其进行引导，让其逐步放松自己的身体，每次从催眠师的工作室走出来之后，他的心情都格外舒畅，再也不去想那些疾病的事。

在接受了数十次的催眠之后，他感到自己越来越豁达了，也逐渐坦然地接受了自己的疾病。

渐渐地，布鲁尼也不再去医院了，他决定不再治疗，因为到了癌症晚期，治疗只能缓解疼痛，除此之外，没有任何用处。很久以来，布鲁尼一直很向往到世界各地走一走，看一看。当得知自己只有一年的生命时，布鲁尼毅然决然地放弃了一切身外之物，他还卖掉了自己的房子，选择了环球旅行。跟着一艘大船，布鲁尼走遍了世界各地。最后一站，他来到了中国。很久以来，布鲁尼一直对中国功夫很好奇，尤其是气功。

到了中国之后，他找到了一个深山之内的寺庙，跟随那里潜心修行的高僧每日坐禅。经过一段时间的坐禅，布鲁尼惊讶地发现自己原本日渐衰竭的身体居然渐渐地恢复了力量。他每日跟随大师吃斋念佛，坐禅诵经，一年多过去了，他已经领悟了很多佛家的道理，精力和气色也越来越好。不过，既然已经放下了，布鲁尼并没有欣喜若狂地去医院检查自己是否已经战胜了癌细胞，而是继续在自己的最后一站——这座中国深山中的古庙里安心地吃斋念佛，坐禅诵经。

我们不得不怀疑，布鲁尼是不是已经在彻底放空自己之后战胜了癌症。当然，答案很有可能是肯定的。其实，癌症是一种心因性疾病，长期的紧张、焦虑、不安，都很容易导致癌症。反之，假如一个人积极、乐观、开朗，能够心胸豁达地面对凡尘俗世，自然就能少了很多烦恼，身体也会更加健康。而布鲁尼之所以能获得身体的放松，其实是因为他从心底接纳了现实，从而消除了心理压力。因为很多时候，疾病产生的来源都与压力有着莫大的关系，当一个人的身心真正释放掉压力以后，身体状况自然会好转。

有句话说得好，“不经一番寒彻骨，怎得梅花扑鼻香”，只有不断经历摔倒的苦痛，才能脱胎换骨。挫折，一个谁也不想遇到，但谁也无法避免的东西。所有的人都畏惧它的存在，这都是因为人们并没有真正理解挫折的本质。挫折本身是无罪的，可是人们却十分讨厌它。其实，正是因为挫折，才使我们的生活变得更加精彩，才使我们获得成功。挫折能将生活、家庭乃至世界变得更加精彩。如果你未经历一次挫折就直接获得了成功，那么，你就不会去努力创新，等待你的将是两个极端……光辉的一生或一辈子的失败。而如果经过挫折才成功，你将会拥有最高的荣耀，你不会因为没有创新而被淘汰，也不会因失败而黑暗一辈子。

其实，接纳就是这么简单，但同时也是最难的一门学问。有了接纳，小我才会让路。这就是接纳之路。凡是你无法接纳的，你会抗拒到底，这种对立便成了你的束缚。凡是被你接纳的，就会轻轻地进入你的心房。没有任何东西强迫得了你，也没有任何东西牵绊得住你。这就是你接纳之后的心境。

总之，心灵不仅体现一个人的智慧，更决定了一个人的生活、命运和价值的取向，心态是我们成功的关键，生活中每一个成功者无不是心态的主人。良好的心态对于我们的成功具有决定性的作用，不管我们做什么，首先我们应该学会保持良好的心态。而一个人，只有学会承受失败，才能节省下精力去为成功创造条件。没有人能有足够的情感和精力，既抗拒不可避免的事实，又创造一个新生活，你我只能在其中选择其一。

第 03 章

再给自己一次机会，失败也不能打倒你

每个人，从出生开始就有各式各样的困难和压力要面对。不论是适应新环境，还是求生存，每通过了一场挑战，我们便会成长一分，之后，一个个新的考验又会接踵而来。人生皆是如此，没有人能躲得过这些必须承受的压力，这就是人生，而一路辛苦的人生旅途，最重要的不是财富、地位，而是存在于我们心底的毅力。因此，面对挫折与困难，我们都要正确面对，因为没有谁能随随便便成功。历经困难的磨炼，你最终才会变得更强大，离梦想也会越来越近。

失败了又如何，大不了再来一次

谁都希望人生路上一帆风顺，都希望获得命运的垂青、一举成功，对于渴望成功的人来说更是如此。但没有人能随随便便成功，这条路也并不是那么好走，需要经受各种考验，其中就有失败。但勇敢的人从不会被失败打倒，而是把失败当成成功的垫脚石，从失败中崛起。

在机遇面前，行动固然重要，但坚持更为重要。在追梦的过程中，我们永远都不要放弃心中的希望，如果遇到困难，就把困难当成人生的考验，不要在困难面前茫然退缩，更不要不知所措迷失自己，满怀希望地为着自己的梦想而努力，相信终有一天，你会走出低谷，走向光明。生活是美好的，但又是残酷的，关键在于面对困难，你是否具有韧性，能否坚持到底。

老亨利是一家大公司的董事长，他是个和蔼的老人。有一次，产品设计部的经理汤姆向老亨利汇报说："董事长，这次设计又失败了，我看还是别再搞了，都已经第九次了。"汤姆皱着眉头，神情非常沮丧。

"汤姆，你听我说，我让你来设计，就相信你能成功。

来，我给你讲个故事。”老亨利吸了一口雪茄，开始讲起来：“我也是个苦孩子，从小没受过什么正式教育。但是，我不甘心，一直在努力，终于在我31岁那年，我发明了一种新型的节能灯，这在当时可是个不小的轰动呢！但是，我是个穷光蛋，进一步完善发明需要一大笔资金。我好不容易说服了一个私人银行家，他答应给我投资。可我这种新型节能灯刚一投放市场，其他灯的销路就被阻断了，所以就有人暗中阻挠我成功。可谁也没想到，就在我要与银行家签约的时候，我突然得了胆囊炎，住进了医院，大夫说必须马上做手术，否则就会有危险。那些灯厂的老板知道我得病了，就开始在报纸上大造舆论，说我得的是绝症，骗取银行的钱来治病。结果，那位银行家不准备投资了。更严重的是，有一家机构也正在加紧研制这种节能灯，如果他们抢在我前头，我就完蛋了！我躺在病床上简直是万分焦急，最后只能铤而走险，不做手术，如期地与那位银行家见面。

“见面前，我让大夫给我打了镇痛药。和银行家见面后，我忍住剧烈的疼痛，装作没事似的，和银行家谈笑风生。但时间一长，药劲过去了，我的肚子就像刀割一样疼，后背的衬衣也让汗水湿透了。可我仍然咬紧牙关，继续周旋。我当时心里就只剩下一个念头：再坚持一下，成功与失败就在能不能挺住这一会儿！病痛终于在我强大的意志力下低头了，最后我终于取得了银行家的信任，签了合约。我在送他到电梯口时脸上还带着微笑，并挥手向他告别。但电梯门刚一关上，我就扑通一下倒在地上，失去了知觉。提前在隔壁等我的医生马上冲过来，用担架将我抬走。后来据医生说，我的胆囊当时已经积脓，相当危险。知道内情的人无不佩服我这种精神。我呢，就靠着这种精神一步步走到现在。”

汤姆被老亨利的故事感动了，他感到万分惭愧。和董事长相比，自己遇到的这点压力算什么呢?

“董事长，您的故事让我非常感动，我在您身上真正体会到了再坚持一下的精神。我非常感谢您给我的鼓励和提醒。我回去再重新设计，不成功，誓不罢休。”汤姆挺着胸，攥着拳，脸涨得通红，说话的声音有些颤抖。

事实是最好的证明，在试验进行到第十二次的时候，汤姆终于取得了成功。

任何人、任何事情的成功，固然有很多方法，但最根本的就是需要坚持。不管遇到什么困难，只要风雨无阻并相信自己能成功，就一定能迎来曙光。老亨利和汤姆的成功就是最好的证明。而相反，如果我们总在前进的道路上给自己设置重重的心理障碍，如果总是让自己刚迈出的脚步又退回原点，那么又如何战胜压力走向终点呢?唯有抱着一种不怕输、不认输的精神，有一种失败后再坚持一下的勇气，最终才能获得成就。

《哈利·波特》的作者罗琳在哈佛大学2008年毕业典礼

的演讲中说：“失败给了我内心的安宁，而在一帆风顺的处境下，我们是感受不到的。从失败中，我也认识到我自己，这也是我在其他地方感受不到的。我发现，我有坚强的意志，而且，我的自我控制能力比自己想象的还要强，我也发现自己拥有比红宝石更珍贵的朋友。”哈佛大学的教授也曾经说过：“坚持是机遇的种子，年轻人无论是求学还是创业，在经过各种权衡比较之后，要充分调动起自身的能量，在一段时间内只集中力量吃掉一件事。”

总之，任何一个取得成功的人，都是因为他付出了超乎常人的努力。一个人要想获得人生的幸福，每一天都应该勤奋工作。付出不亚于任何人的努力是一个长期的过程，只要坚持就一定能够获得不可思议的成就。

谁也不会随随便便成功

有人说，人生是一次长途跋涉，旅途中常常有曲折和险阻。如果只是抱着希望走一帆风顺之路的心态，而不会转弯的人，恐怕是难以登上人生的制高点的，因为谁的成功都不会手到擒来。在生活中的你也会遇到一些难题，此时，你难免会产生一些焦躁的情绪，但焦躁对于事情的解决毫无帮助，你只有静下心来，才能冷静地思考解决的方法。因此，无论发生什么，你都要记住，一定要有个好心态，不到最后一刻都不要放弃。

美国影视演员克里斯托弗·里夫因在电影《超人》中扮演超人而家喻户晓，但谁也没想到的是，接下来他却遭遇了一场从天而降的大祸。

1995年5月27日，里夫参加了弗吉尼亚的一个马术比赛，谁知中间发生了意外事故，里夫头部着地，第一及第二颈椎全部折断。长达五天的时间，昏迷中的里夫终于醒过来了，不过医生说，他也不能确定里夫能不能活着离开手术室。

在那段时间里，里夫的人生陷入谷底，他甚至几次想到了轻生。后来，他出院了，他的家人为了能让他心情好点，便用轮椅推着他出门旅行。

有一次，他的家人开车带他出门游玩，当车来到一路盘旋的盘山公路上时，他望着窗外，望得出神，他似乎想到什么，他发现，每当车开到道路尽头的时候，路边就出现一块交通警示牌："前方转弯！"或"注意！急转弯"，这些警示文字赫然出现在他的眼前。然而，只要车开过了弯道，前面就会出现豁然开朗的风景。突然，"前方转弯"这几个大字好像刻在了他的心里，也给了他当头一棒，原来，他的路不是到了尽头，只是该转弯了。他幡然醒悟，于是，他对家人大喊一声："我要回去，我还有路要走。"

从此以后，他完全改变了以往颓废的生活态度，他以轮椅代步，当起了导演，他第一部首席指导的影片就荣获了金球奖；他尝试着用嘴咬着笔写字，他的第一部书《依然是我》一问世就进入了畅销书排行榜。与此同时，他创立了一所瘫痪病人教育资源中心，并当选为全身瘫痪协会理事长。他还四处奔走，举办演唱会，为残障人的福利事业筹募善款，成了一个著名的社会活动家。

最近，美国《时代周刊》报道了克里斯托弗·里夫的事迹。

在这篇文章中，他回顾自己的心路历程时说："以前，我一直以为自己只能做一位演员；没想到今生我还能做导演、当作家，并成了一名慈善大使。原来，不幸降临的时候，并不是路已到了尽头，而是在提醒你：你该转弯了。"

一次偶然的事件，让原本几乎绝望的克里斯托弗·里夫重新选择了一条人生的路。在这条路上，他同样取得了成功甚至成就了辉煌。

生活中的你，在追求梦想的过程中，可能也会遇到困难，可能你也会选择放弃，但是，请想一下，如果选择了真正的绝望，向所谓的命运妥协了，你就真的彻底失败了；如果你选择另外一种心态，那么，只要你没有丧失思考的能力，就有可能绝处逢生。

然而，失败平庸者主要是心态有问题。遇到困难，他们总是挑选容易的倒退之路。"我不行了，我还是退缩吧。"结果陷入失败的深渊。成功者遇到困难，他们能心平气和，并告诉自己："我要！我能！""一定有办法"。

当然，这还需要我们培养自己的耐力，要坦然面对任何困难。

日本著名企业家松下幸之助就是个在困难面前不言败的人，正是这一点，使得他成为日本乃至世界商业巨贾。

在曾经谈到商业经营的言论中，他提到了如何面对商业不景气的问题，他认为，景气和不景气都是一个过程，从景气到不景气，再到景气，这是经济发展的客观规律。当不景气来临时，更考验了管理者的胆识、能力和勇气，他说："利用不景气打天下，当大家在不景气下一筹莫展时，你仍有开拓事业的勇气和能力，不景气过去之后，将来就是你的天下了。"

松下幸之助正是在创业初期利用不景气进行负债经营，添置设备，在渡过困境后才有了更大的发展。

当然，要突破困境，绝对不能消极等待，而要在等待中积极寻找突破口，创造条件去克服困难，从而实现从"山重水复疑无路"到"柳暗花明又一村"。

事实上，人们驾驭生活的能力，是从困境生活中磨砺出来的。和世间任何事情一样，苦难也具有两重性。一方面它是障碍，要排除它必须花费更多的力量和时间；另一方面它又是一种肥料，在解决它的过程中能够使人更好地锻炼提高。

库雷曾说："许多人的失败都可以归咎于缺乏百折不挠、

永不放弃的战斗精神。”的确，我们发现，一些人或满腹经纶，或能力超群，但他们却同时拥有一个致命的弱点，那就是缺乏抗打击的能力，往往一遇到微不足道的困难与阻力，就立刻裹足不前，没有韧性，遇硬就回、遇难就退、遇险就逃。因此，终其一生，他们只能从事一些平庸的工作。一个人跌倒并不可怕，可怕的是跌倒之后爬不起来，尤其是在多次跌倒以后失去了继续前进的信心和勇气。不管经历多少不幸和挫折，内心依然要火热、镇定和自信，以屡败屡战和永不放弃的精神去应对挫折和困境，你才会不断强大起来。

将每一次失败，看作崛起的机会

我们在向目标进发的过程中，难免会遇到不幸与逆境，而其实，每一次的不幸也是机会，充分利用它，就能够促进自己的发展。犹太人常说：“悲观者只看见机会后面的问题，乐观者却看见前面的机会。”

我们要明白，其实，所有的坏事情，只有在我们认为它不好的情况下，才会真正成为不幸事件，只要能够从坏中看到好，采取有效的措施扭转这个趋势，耐心地找准一个方向，就一定会别有洞天。这样不仅能解一时之围，更能找出你自身存在的问题，使自己能力更强。

那些成功者，无不是经受了无数磨难，练就了一身功夫，所以他们才能在关键的时候，不让自己走入山穷水尽的将死之路，而是慢慢地将死路走成活路。我们常告诫自己和他人要把握和抓住机遇，其实，我们更应该为自己创造机遇，做机遇的旁观者，你不可能让机遇驻足。你只有积极努力、做足准备，才能张开双臂，在机遇来临时扑个满怀。

罗蒂克·安妮塔对于英国的家庭主妇来说，大概是家喻户晓的名字，因为她曾经也是一位家庭主妇，后来创办了自己的公司——美容小店连锁集团，进而成为英国著名的企业家。

安妮塔出生于意大利，毕业于面向贫民子女的牛顿学院，婚后，她的日子过得并不宽裕。

为了改善经济状况，安妮塔决定自己创业。婚前，安妮塔曾到南太平洋进行过一次长途旅行，在那里她对土著居民使用的以绿色植物为原料的化妆品产生了浓厚的兴趣，她收集了不少天然化妆品配方。她认为天然化妆品是一种行业优势，绝对比那些化学化妆品更受欢迎，而当时最大的问题是她如何找来4000英镑的资金，唯一的办法只能是求助于银行贷款。

安妮塔带着两个女儿来到银行，并陈述了自己的难处，但最终被拒绝，因为经理认为银行不是慈善机构，拒绝了安妮塔的贷款要求。

但是，这并不能让安妮塔打消创业的念头，她在寻求解决办法，在经过一番研究之后，她想到了。一个星期之后，她穿上特制的西服，俨然一副商界女士的打扮再次来到银行。她还准备了一大摞文件，包括可行性报告和房产凭据等。文件中把她筹划的小店包装成世界上最好的投资项目，把自己美化成具有丰富经验的化妆品专业的商界奇才。这次她改变了策略，用商业银行的游戏规则——越有钱的人越容易借贷，来与银行周旋。

那位银行经理在一周之前根本没有把安妮塔放在眼里，所以没认真注意她。这次改头换面再来时，竟没认出她来。安妮塔的资历通过了银行的审察，很顺利地贷到了4000英镑，这笔钱成为她创业初期非常重要的启动资金。

1976年3月27日，安妮塔的美容小店正式开张。由于此前《观察家报》报道了她开店的情况，结果该店一炮打响，顾客盈门，第一天的收入就达到130英镑。

此后，安妮塔的小店生意越做越好，分店开得也越来越多，她的小店变成了网络遍布全球的大企业，许多当初与她抱有同样愿望的家庭主妇，加盟她的连锁集团后成为了百万富婆。

其实，无论做什么事，都不可能一帆风顺，失败者选择了放弃，所以他失败了；成功者选择了坚持和面对，所以他在挫折中获得了成长。

洛克菲勒曾说：“我总会设法把每一桩不幸化为一次机会。”的确，任何一个人，任何一家企业，都有可能遇到危机，都有可能遇到不幸，我们如何看待不幸、如何处理危机，直接关系到我们能否寻找到出路。可以说，洛克菲勒的创业史处处充满了危机，他曾遭受资金危机、炼油厂失火、政府污蔑等打击，但最终，他都凭借强大的自信、强有力的危机处理能力让企业转危为安。

英特尔公司前CEO安德鲁在价值五亿美元的有缺陷的英特尔奔腾芯片必须被召回并更换的灾难性事件后，在其自传《只有偏执狂才能生存》中说道，商业成功饱含自身毁灭的种子。因为商业环境变化不是一个连贯的过程，而是一系列亮点或者“战略转折点”，一个公司运营的基础突然发生变化并且没有预先的警告，这些点的出现可能意味着新的机会或者是终点的开始。

可见，人们在做一件事情的时候经常会因为方法不当而走入死路，这时候，转换一下思路，就能让死路变成活路，有的人不知道如何转变，只是一味地按照原来的思路走，这样就容易让自己的路越走越窄，甚至出现无路可走的情况。

一点点积累，才有蜕变的可能

俗话说：“台上一分钟，台下十年功。”有可能在台上表演的时间往往只有短短的一分钟，但为了台上这一分钟的表演时间，许多人却要为此付出十年，甚至更长时间的艰辛努力。

同样，在这个世界上，没有任何一个人能随随便便成功，因为罗马城也不是一天就建成的，蜕变来自于长时间的积累，一步登天的奇迹，一蹴而就的成功，也是经历了上百次的尝试，才铸就了这样短暂的光辉。

做每一件事就好像建城一样，你要想把它建成、建好，就必须付出超人的代价和心血。我们应该记住，通往成功的道路从来都不会是一条风和日丽的坦途，人生必须趟过逆流才能走向更高的层次，最重要的是在这个过程中学会忍耐，蓄势待发，最终一举成功。

有“奥运史上的第一个世界冠军”之称的康纳利曾于1895被哈佛大学录取，专业是古典文学，而在学校的时候，他已经是当时全美三级跳远冠军了。

那一届的奥运会在雅典举行，康纳利听说后准备向学校请8周假，准备参加奥运会，但学校拒绝了他的要求，然而，康纳利坚持了自己的决定，他想一试身手，于是，他毅然离开了哈佛，自己争取到了参加奥运会的资格，成为了美国代表团11个成员之一。

同行的参赛队员都是免费参加比赛的，但康纳利是个贫穷的学生，他哪有这样的待遇，他这次参赛是在一家很小的体育协会的赞助下进行的，由于资金紧张，他花掉了自己仅有的700美元的积蓄，才登上了德国德福达号货船。

然而，就在出发前的两天，他的后背突然受伤了，他差点绝望，庆幸的是，从纽约到那不勒斯的航行过程中，他的伤竟然痊愈了。但刚刚下船，康纳利的钱包又被偷走了，这还不算最糟糕的，由于时差关系，希腊和西方的日历不同，就在他们到达的第二天就需要进行比赛，而他们本来以为比赛会在12天之后举行。而更糟糕的是，康纳利从小所练习的是单足跳、跨步、起跳，而奥运会三级跳远项目的起跳要求是单足跳、单足跳、起跳。

1895年4月6日下午，三级跳远比赛开始了。在别的运动员跳完之后，康纳利最后一个出场了。他走到沙坑前面，把自己的帽子扔到了一个别的运动员跳不到的位置上，大声叫喊着："我要跳到帽子那里去。"他在跑道上加速，按照新的规则，先两个单足跳，然后起跳，最后落在了比他的帽子更远的地方，跳出了13.71米的好成绩，成为现代奥运会历史上的第一个冠军。后来，康纳利与哈佛大学达成和解，并获得了博士学位。

或许，大多数人所知道的信息是"1896年4月6日，来自美国哈佛大学的大学生詹姆斯·康纳利成为了奥运史上的第一个世界冠军"。我们只知道表面，却不知其背后的艰辛，且不说康纳利在去参加比赛之前所遇到的糟糕情况，康纳利从小就开始练习跳远，但直到上了大学之后，才有幸参加了奥运会，因此才崭露了自己的才华，这其中忍耐的时间有多长呢？但康纳利都忍受了过来，并且一直没有放弃，最终修建了属于自己的

“罗马城”。

小时候的童第周好奇心十分强烈，他看到不懂的问题往往要拉住父亲问个明白，父亲每次都不厌其烦地给他讲解。

有一天，童第周看到屋檐下的石阶上整整齐齐地排列着一行小坑，他觉得非常奇怪，琢磨半天也弄不明白这是怎么回事，便去问父亲：“父亲，那屋檐下石板上的小坑是谁敲出来的？是做什么用的呀？”父亲看到儿子这样好奇，高兴地说：“这不是人凿的，这是檐头水滴下来敲的。”小童第周感到更奇怪了，水还能把坚硬的石头敲出坑吗？父亲耐心地解释说：“一滴水当然敲不出坑，但是天长日久，点点滴滴不断地敲，不但能敲出坑，还能敲出一个洞呢，古人不是常说‘滴水穿石’嘛，就是这个道理。”

父亲的一席话，在小童第周的心里激起了一阵阵涟漪，他坐在屋檐下的石阶上，望着父亲，似懂非懂地点点头。在家里，由于农活比较多，童第周对学习失去了兴趣，不想读书了。这时父亲耐心地开导童第周说：“你还记得滴水穿石的故事吗？小小的檐水只要常年坚持不懈，能把坚硬的石头敲穿，难道一个人的恒心不如檐水吗？学知识也是靠一点点积累，坚持不懈才能获得成功。”同时，为了更好地鼓励童第周继续上学，父亲书写了“滴水穿石”这四个大字赠给他，并充满期望地说：“你要把它作为座右铭，永志不忘。”

生活中，做任何事情都需要一个过程，一点点累积，就足以凝聚成一股巨大的力量。如果你放松了平日的努力，只靠临时抱佛脚，那将注定面临失败。有时候，在平日不断努力却没有得到回报的人们，心里总是抱怨：为什么上天不公平呢？其实，上帝给予我们的都是公平的，如果你还没有得到回报，那只是因为时机还没到，因为时间就是最好的见证者，它见证了你一点点的努力，最后，它也将见证你最终的成功。

哲人说："成功者大都起始于不好的环境并经历许多令人心碎的挣扎和奋斗。他们生命的转折点通常都是在危急时刻才降临。经历了这些沧桑之后，他们才具有了更健全的人格和更强大的力量。"一个人若是不付出，不努力，就梦想着成功，那根本就是做白日梦，时间不会给予你任何东西，只会给你的人生留下一段空白。生活就是这样，你需要付出，才能有所收获，而这样的付出是不间断的，一旦你放弃了，那你所即将获得的成功也会随之不见。在更多的时候，你的付出与收获是成正比的，你付出的汗水和艰辛越多，你收获的东西也将越多。相反，如果你一点都不想付出，只想坐等成功，那是根本不可能的，你终究等来的只会是一场空。

咬咬牙，再坚持一次

谁都希望人生路上一帆风顺，都希望获得命运的垂青，但没有人能随随便便成功，这条路也并不是那么好走，需要每个人经受各种考验，其中就包含着失败。但勇敢的人从不会被失败打倒，而是把失败当成成功的垫脚石，从失败中崛起。在困境中，他们会告诉自己，咬咬牙，忍一忍就过去了。我们不畏惧风雨、不怕挫折、不惧坎坷，所以最后他们成功了。

所以，我们需要明白的是，人生之所以有失败，是因为你要突破、要挑战。哪怕身陷绝境，也不要诅咒。失败是你错误想法的结束，也是你选择正确做法的开始。你不在绝境中发迹，就在绝境中沦落。处在绝望境地的奋斗，最能启发人潜伏着的内在力量，没有这种奋斗，便永远不会发现真正的力量。

当然，坚持不是原地踏步，它是在逆流中向前，是顶着压力向上，它是积极地争取，而不是无奈地等待……你也许正在黑暗的夜色中摸索，但紧接着到来的不就是光明的早晨吗？坚持是一个过程，往往还是一个漫长的过程。只有保持一种坚韧不拔、百折不挠的执着和顽强，保持足够的耐心和毅力，才有可能完成这个过程。

1952年7月4日的清晨，浓浓大雾笼罩整个海岸，一位34岁的女性，从海岸以西21英里的卡塔林纳岛上涉水下到太平洋中，开始向加州海岸游过去。这次，如果她成功了，她就是第一个游过这个海峡的女性，这名妇女叫费罗伦丝·查德威克。

在此之前，她是从英法两边海岸游过英吉利海峡的第一个女性。当时雾很大，海水冻得她浑身发抖，她几乎看不到护送她的船。时间慢慢前行，千千万万的人在电视上看着。在以往这类渡游中，她最大的困难并不是疲劳，而是冰凉刺骨的水温。15个钟头之后，她冻得浑身发抖，又觉得很疲惫。她感觉自己不能再游了，就叫人把她拉上船。

在另一条船上的她的母亲和教练都告诉她海岸已经很近了，叫她不要放弃。但她朝加州海岸望去，除了浓雾什么也看不到。几十分钟之后，人们将她拉上船。又过了几个钟头，她渐渐暖和了，这时她回忆起自己渡游的经历。她不假思索地对记者说："说实在的，我不是为自己推脱，如果当时我看见陆地，我能坚持下来。"人们拉她上船的地点，离加州海岸只有半英里！

后来她说，令她半途而废的既不是疲劳，也不是寒冷，而是因为她在浓雾中看不到目标。查德威克小姐一生就只有这一次没有坚持到底。两个月后的一天，她成功地游过了这个海峡。她不但是第一位游过卡塔林纳海峡的女性，而且她还以超出两个钟头的成绩打破了男子纪录。

这一事例中的女主人公查德威克的确是个游泳好手。为什么第一次她没有游过卡塔林纳海峡？这正如她说的，因为她看不到目标，看不到终点，最终她放弃了。而在第二次的尝试过程中，她能游过同一海峡，是因为她鼓起了勇气。

人生的境界就是如此。在你的生命中，不论面对爱情、事业，还是学业，如果你一味勇往直前，到后来却发现那是一条绝路，难免产生山穷水尽悲哀失落的心情。此时不妨往旁边或回头看看，也许有别的路可走！即使根本没有路可走了，不妨往天空看看！虽然身在绝境中，但是心还可以畅游太空，体会宽广深远的人生境界，再也不会觉得自己穷途末路。

然而，我们也知道，无论做什么事，都有可能遇到困难，在困难面前，大部分人会选择放弃，而只有少数人还能坚持到最后是由于他们在困难面前懂得自我调整，他们坚定地相信自己坚持下去就一定会取得最后的成功，而大多数人却因为暂时的困难和挫折蒙蔽了自己看到希望的眼睛！

奥斯特洛夫斯基说得好："人的生命似洪水在奔腾，不遇到岛屿和暗礁，难以激起美丽的浪花。"如果你在失败面前是勇敢进攻，那么人生就会是一个缤纷多彩的世界。也正如巴尔扎克的比喻："挫折就像一块石头，对弱者来说是绊脚石，使你停步不前，对强者来说却是垫脚石，它会让你站得更高。"

所以，如果你已经成功了，你要由衷感谢的不是你的顺境，而是你的绝境。当你陷入绝境时，就证明你已经得到了上天的垂爱，将获得一次改变命运的机会。如果你已经走出了绝境，回首再看看，你会发现，自己要比想象的要伟大、要坚强、要聪明。

第 04 章

积极勤奋，练就强大内心的第一步是战胜怠惰

人们常说，人生苦短，行色匆匆，有的人青云直上、事业有成，有的人庸庸碌碌、毫无作为，这两种完全不同的人生情景，实则来源于两种不同的人生态度，前者珍惜时间、勤奋拼搏；后者则懈怠拖延、行动迟缓。很明显，前者是真正的强者，如果你也想成就这样的人生，你首先就要战胜自己的怠惰，因为任何一个人，只要能克服惰性，他的人生就已经成功了一半。虽然惰性是人的天性，但我们要消除惰性，有时只需要一个念头即可，一旦赶走懒惰，便能主宰自己的人生，提高自己的人生质量。

勤奋起来，懒惰是人的本性

我们都知道，金无足赤，人无完人，人最大的敌人是自己，人们走向成功的过程，就是一个不断战胜自我的过程，而也只有能够战胜自我的人，才是真正的强者。

古人云："天将降大任于斯人也，必先苦其心志，劳其筋骨，饿其体肤，空乏其身，行拂乱其所为，所以动心忍性，曾益其所不能。"那些成大事者，都有"动心忍性"的自制力，使其能守得云开见月明，走出逆境。自律就是自我管理、自我控制；自律就是战胜自我、超越自我。

事实上，自控对于任何一个人来说都十分重要，能使我们在工作和生活中督促自己去完成应当完成的工作任务、抑制自己的不良行为。相反，如果没有或缺少自我控制，不良的行为和情绪就会反过来控制你，你将失去意志力、信心、执着和乐观，失去获得成功的机会，甚至会偏离人生的方向，误入歧途。

巴西球员贝利被人们称为"世界球王""黑珍珠"，在很小的时候，他就在足球上表现出了惊人的才华。

有一次，贝利和他的同伴们刚踢完一场足球赛，已经精疲力尽的他找小伙伴要了一支烟，并得意地吸了起来。这样，原先的疲劳就都烟消云散了，然而，这一切都被他的父亲看在眼里了，父亲很不高兴。

晚饭后，父亲把正在看电视的贝利叫过来，然后很严肃地问他："你今天抽烟了？"

"抽了。"贝利知道自己做错了事，但也不敢不承认。

但令他奇怪的是，父亲并没有发火，而是站了起来，在房间里来回踱步，接着说："孩子，你踢球有几分天资，也许将来会有出息。可惜，抽烟，会损害身体，你现在抽烟了，就会使你在比赛时发挥不出应有的水平。"

听到父亲这么说，小贝利的头更低了。

父亲又语重心长地接着说："虽然作为父亲，我有责任也有义务教育你，但真正主导你人生的是你自己，我只想问问你，你是想继续抽烟还是做一个有出息的足球运动员呢？孩子，你已经长大了，该懂得如何选择了。"说着，父亲从口袋里掏出一叠钞票，递给贝利，并说道："如果你不想做球员了，那么，这笔钱就拿给你做抽烟的经费吧！"父亲说完便走了出去。

看着父亲的背影，贝利哭了，他知道父亲的话有多重的分量。他猛然醒悟了，他拿起桌上的钞票还给了父亲，并坚决地说："爸爸，我再也不抽烟了，我一定要当个有出息的运动员。”

从此以后，贝利不但戒了烟，他还把大部分时间都花在刻苦训练上，球艺飞速提高。

15岁加入桑托斯职业足球队，16岁进入巴西国家队，并为巴西队永久占有“女神杯”立下奇功。如今，贝利已成为拥有众多企业的富翁，但他依旧延续了不抽烟的习惯。

欲胜人者先自胜！胜人者有力，自胜者强。谁征服了自己，谁就取得了胜利。对自己苛刻，征服自己的一切弱点，正是一个人伟大的起始。

我们都听过这样一句话：“上帝要毁灭一个人，必先使他疯狂。”这句话的意思是，一个人一旦失去自制力后，那么他距离灭亡也不远了。的确，一个人连自己的行为都不能控制，又怎么能做到以强烈的力量去影响他人，获得成功呢？

可见，失去控制的人生最终会使你失败。唯有自制的人，才能抵制诱惑，有效地控制自身，把握好自我发展的主动权，驾驭自我。一个人除非能够控制自我，否则他将无法成功。

那么，我们该怎样培养自己的自控力呢？

1. 认识到自制力的重要

你要培养坚定的自制力，首先要从心里认识到自律的重要性，然后才能自觉地培养。只有坚决地约束自己、战胜自我，最终才能战胜困难，取得成功。

2. 为自己设立适宜的目标

你的自我期望要建立在符合自己的实际情况、切实可行的基础之上。一个人应该有理想，有志向。但这种理想和志向，不能是高不可攀的，也不应当是唾手可得的，而应该是通过一定的努力，可以实现的适宜的目标，应该符合个人的个性特点和实际能力水平。

3. 自制力的培养是一个循序渐进的过程

培养自制力，这是一个循序渐进的过程，因为自制力不可能是一念之间产生的，也不是下定决心就可以立即形成的，其形成需要一个过程。如果你给自己规定从明天开始就要好好学习，一旦达不到目标你往往就会产生挫折感和无能感，丧失改变自己的信心。所以，自制力的形成不要期望一蹴而就。

的确，人之本性好逸，想成功先自控，我们遇到的最强大的对手往往不是别人，而是自己。因为人的缺点常常是很顽固的，即所谓“江山易改，秉性难移”。若你想做到自我突破，让自己再上一个新台阶，就必须克服自身的缺点！一个自律的人能够不断克服陋习、完善自己，一个不能自律的人却会被自己的一个小缺陷轻易击败。人或强大或弱小，是由能否战胜自我而决定的。

危险和诱惑正在侵蚀你的自控力

现代社会，随着物质财富极大丰富、文化逐渐多元化，人们的需求和欲望不断地膨胀，人们很容易在追求物质的感官享受中逐渐迷失自我，像一艘失去航向和动力的大船，或远离航道，或停滞不前。事过之后才清醒，却只有追悔莫及，抱憾终生。可见，我们只有远离了诱惑，才远离了危险，才能离成功更近。

的确，任何人，不管你是在温室中成长，还是在困苦中挣扎，心中都会存有欲望，欲望可以成为我们的信念，支撑我们渡过难关，但是欲望也像鸦片，容易上瘾。一个人一旦被欲望控制，就等于自我毁灭。皮埃尔·布尔古曾说："人们常常听到这样一句话：'是欲望毁了他。'然而，这往往是错误的。并不是欲望毁了人，而是无能、懒惰，或糊涂。"

有一家大公司准备用高薪雇用一名小车司机。经过层层筛选和考试之后，只剩下3名技术最优良的竞争者。主考官问他们："悬崖边有块金子，你们开着车去拿，觉得能距离悬崖多近而又不至于掉落呢？"

"两米。"第一位说。

"半米。"第二位很有把握地说。

"我会尽量远离悬崖，越远越好。"第三位说。

结果第三位竞争者被留了下来。

可见，对于诱惑，你没有必要去和它较劲，而应离得越远越好。

中国人常说："欲望无止境"，孔子也曾说过一句很有名的话："富与贵，是人之所欲也，不以其道得之，不处也。贫与贱，是人之所恶也，不以其道去之，不去也。"意思是：富贵是每个人都想要的，但如果不是用光明的手段得到的，就不要它。贫贱是每个人所厌恶的，但我们要以正大光明的手段摆脱这种困境。也就是说，我们每个人都有追求成功和幸福的欲望，但不能被欲望控制。

对某些人来说，生命是一团欲望，欲望不能满足便痛苦，满足便无聊，人生就在痛苦和无聊之间摇摆。这样的人生无疑是可悲的。

尼采说，人最终喜爱的是自己的欲望，不是自己想要的东西！能够控制欲望而不被欲望征服的人，无疑是个智者。被欲望控制的人，在失去理智的同时，往往会葬送自己。

我们先来看下面这样一则寓言故事：

深夜，一只老鼠在厨房偷吃，被猫不动声色地逮住。

老鼠苦苦哀求："求你放我一马吧，我会给你一条鱼。"猫说："不行。"老鼠继续说："那五条行不行？"猫还是摇头。老鼠仍不死心："那这样，你如果放了我，以后每天你都能得到一条鱼，而且，以后逢年过节，我还会拜访你。"

猫眯起眼睛，没说话。

老鼠以为猫动心了，继续说服："平时你要吃到一条鱼简直太难了，但只要你现在放了我，以后你就可以天天吃到鱼了，而且这件事我会保密，只有我们俩知道。何乐而不为呢？"

猫依然不语，心里却在犹豫：老鼠的主意的确不错，放了它，或许我确实能每天吃到鱼，但是一旦放了他，主人的食物每天都会被偷，老鼠的胆子越来越大。我再次抓住它，怎么办？放还是不放？如果放，它还是会为非作歹，主人一旦发现，就会把我撵出家门。那时，别说吃到鱼，就连一日三餐都没了着落。一天一条鱼固然不错，但弄不好会丢掉一日三餐，这样的交易不划算。

想到这些，猫突然睁大眼睛，伸出利爪，猛扑上去，将老鼠吃掉了。

猫是聪明的，它的选择也是正确的。面对老鼠的许诺，它最终还是选择了一日三餐。一日三餐便是它的底线。猫当然希望一日一鱼，但连起码的一日三餐都保不住的话，一日一鱼便成了水中月、镜中花。

可悲的是，现实生活中的一些人，总是不安于现状的，他们并不是被那些"一日一鱼"所诱惑到，而是总有无止境的追求，于是，便在这所谓的追逐中失去了原本快乐的自我。

古人云：壁立千仞，无欲则刚。在诱惑面前，我们只有做到"无欲"，做到心理平衡，才能抵挡得住诱惑。具体来说，我们应做到：

1. 坚定信念

信念都是一股强大的精神力量，它能起到支持我们行动的作用，是我们不断努力的力量源泉，还可以让我们的内心穿上一层保护衣，从而屏蔽诱惑。所以，在遇到诱惑的时候，尤其不要放弃你心中的信念，因为它是你继续前进的动力和生存下去的支柱。

2. 认清不良诱惑的危害

面对纷繁复杂的诱惑，人们必须保持足够的定力，认清它背后存在的各种危险，因此，当你彷徨的时候，不妨问问自己："如果我做了这件事，会有什么后果？""它是不是真的能带来成功呢？""为此，我会失去什么？"多问自己几次，你就能权衡出利弊得失了。

3. 做到专注于本职工作与慎微并行

抵制诱惑是一种意志和信念的较量。这需要掌握一种有力的心智盾牌——专注，唯有专注才能抵御诱惑。俗话说："勿以善小而不为，勿以恶小而为之"。如果小事不注意，小节不检点，久而久之，必然会出现大的纰漏。

别情绪化，行动之前多思考

我们都知道，成为一个强者，最重要的就是培养自己的自控力。的确，我们每个人都需要有一定的自控力，自控力是一个人成熟度的体现。没有自控力，就没有好的习惯。没有好的习惯，就没有好的人生。所谓自控力，是指对一个人自身的冲动、感情、欲望施加的正确控制。然而，生活中，我们却常常会遇到一些扰乱我们脚步的事，它会让我们产生负面情绪，或悲伤，或愤怒，或懈怠，但如果我们跟着情绪走，不进行自控的话，那么，我们就可能会因为一时冲动而做出让自己后悔的事来，其实，要解决这一问题，我们首先要学会“控心”。我们在心情激动前，不妨先深呼吸一下，让自己冷静下来，那么，便能远离冲动，抑制激动，进而驶向开心的彼岸。

有一天，小林和老公去购物，走进一家裤子店。

她走近一位售货员：“有靴裤吗？”售货员本来低着头，瞟了小林一眼，不耐烦地说：“长靴还是短靴？”小林说：“长靴。”“中间一排。”小林上前看了看，看中一条绒布料的，就伸手去拿，从背后传来了叫喊声：“别拽别拽。”小林就停了下来，那个售货员给另一位顾客拿裤子，并牢骚满腹：“烦死我了。”随后鼻子不是鼻子，脸不是脸地对小林说：“哪条？”一见那架式，小林着实有点生气了，但她深呼吸了一下，还是忍住了，不值得和这样的人计较。于是她不买了。

她迅速走向门口，丈夫正在那等她。正好，店主人也在门口，看见了刚才发生的事，找了另一位售货员，要为小林服务，这个服务员说："你可真是海量啊，一般去她那买衣服的人，没有不和她吵架的，你的修养可真是少见。"小林听到这样的话，倒也挺开心。

小林面对这样的售货员。没有和她理论，而是先深吸了一口气，调整了自己的情绪，然后离开了，她获得了别人对她修养的肯定。其实，本应该如此，何必生气呢？如果和她斤斤计较，只会徒增烦恼。

其实，无论遇到什么情况，激动都会使人们做出失去理智的事，它给人带来的负面影响可能远远大于我们的想象，会给我们的生活带来深远的影响。

人们在遇到一些或悲或喜的事情时，都会激动，并且很难一下子冷静下来，所以当你察觉到自己的情绪非常激动，眼看控制不住时，一定要及时用转移注意力等方法自我放松，鼓励自己克制冲动的情绪，对此，我们可以尝试以下让自己的行为慢下来的方法：

首先，放慢语速，调整心情。

如果你在说话，你可以试着让自己的呼吸均匀下来，然后作自我暗示："放松，冷静。"如果你的情绪依旧很激动，那么，你不妨先闭上眼睛，然后想想让自己高兴的其他事情，并尝试着站在其他人的角度审视自己的行为，慢慢地你就能冷静下来了。

或者你也可以尝试一下“数数法”。不过这里的数数，并不能按照常规数字顺序，因为这样做并不会启动我们的理性程序，而应该打乱顺序，比如，1、4、7、10……这样一来，你的理性思考能力就可渐渐恢复了。

其次，描述法或许也能帮助到你。比如，你可以这样描述，这个茶杯是黄色的……他穿的毛衣是黑色的……数十至十二项物体的颜色，之后你会发现自己冷静多了。

再次，理智思考，替换非理性的“自发性念头”。

你要明白的一点是，真正让你产生不良情绪的，是我们的想法，而不是别人的行为。换句话说，不是发生了什么事，而是我们如何解释事件，才会决定产生的情绪。

例如，你可以告诉自己：“我知道我的能力是极佳的，不会因为你的一句话而影响我！”这样自我暗示，愤怒自然就无处可生，而会被其他情绪所替代了。

最后，你可以使用建设性的内心对话。

既然想法是导致情绪的主因，容易动怒的人就应该加强内心的想法，准备一些建设性的念头以备不时之需。

例如，“不论如何，我都要平静地说，慢慢地说”，“我才不会生气，生气就等于暴露了自己”等。

另外还有一点，就是在我们控制住冲动的情绪后，还要重新思考，努力打开心结，为什么会有冲动的情绪，为什么自己不能从一开始就看开点，为什么不能很好地控制自己，这样才能从源头遏制冲动。

可见，遇事先告诉自己要三思而后行是一种有效的转移激动情绪的方法，你应反复告诉自己，千万别立刻发泄，否则就会“伤”了自己，也会伤害他人。

总之，生活中令我们激动的事情实在太多了，这无可厚非，但我们必须要做到自控，最有效的做法就是先让自己放慢速度，在冲动前先冷静三分钟，而不是给自己加速（比如应激反应）。凡事尽量做到“三思而后行”。

克服懒散和惰性，成为意志坚强的人

古人云：“业精于勤，荒于嬉；行成于思，毁于随。”这句话告诉我们：学业由于勤奋而精通，但它却荒废在嬉笑声中，事情由于反复思考而成功，但它却能毁灭于懒懒散散和随随便便。任何人，即使是天才，如果不克服懒惰、做事拖延，最终也会变成一个一事无成的人。

当今社会，我们已经认识到时间的重要性，人的一生，短短几十载，生命是有限的。如果我们浪费时间，工作和生活中总是拖拖拉拉，那么，最终只能白白浪费生命，而假如我们能充分利用自己的时间和精力，勤奋做事，那么，我们绝对可以做出更有价值的事情来。

懒惰总是和拖延狼狈为奸。曾有人问一个懒惰的人："你一天的活儿是怎么干完的？"这个人回答说："那很简单，我就把它当作是昨天的活儿。"这就是惰性使然，其实，懒惰的人何止是把昨天的活儿拿到今天来干，有人甚至给那些懒惰的人下定义为：把不愉快或成为负担的事情抛到脑后，把"推迟"这件事当作是生命中的主旋律。

生活中的你如果是一个懒惰的人，那你大部分的时候一定都在浪费时间，无所事事，即便是做一件事情，也是担心这个担心那个，或者找借口推迟行动，结果往往错失了机会和灵感，到了最后，你只能去羡慕那些因为勤奋而获得财富的人。

拖沓、懒散的生活和工作态度，对许多人来说已经是一种常态，要想有所成就，我们就应该忍耐惰性，努力让自己变得勤勉起来。

美国前总统威尔逊出身贫寒，他还是个襁褓中的婴儿时就已经经受到了贫穷的打磨，为此，在他十岁时，就离开了家去当学徒工，这一工作就是11年，这期间，他每年只能接受大概1个月的学校教育，然而，也就是在这11年期间里，他想尽办法读书，读了1000本好书——这对一个农场里的孩子，是多么艰巨的任务啊！而在离开农场之后，他又选择徒步到100英里之外的马萨诸塞州的内蒂克去学习皮匠手艺。

在他度过了21岁生日后的第一个月，就带着一队人马进入了人迹罕至的大森林，在那里采伐原木。威尔逊每天都是在天际的第一抹曙光出现之前起床，然后就一直辛勤地工作到星星出来时为止。在一个月夜以继日的辛劳努力之后，他获得了6美元的报酬。

就是在这样的穷途困境中，威尔逊暗下决心，不让任何一个发展自我、提升自我的机会溜走。很少有人能像他一样深刻地理解闲暇时光的价值。他像抓住黄金一样紧紧地抓住了零星的时间，不让一分一秒无所作为地从指缝间白白溜走。

12年之后，他在政界脱颖而出，进入了国会，开始了他的政治生涯。

威尔逊是任何一个美国人乃至世界人瞩目的对象，而他的成功，就是勤奋学习的结果。学习是向成功前进的营养元素。而当今社会，日益激烈的竞争告诉每个人，只有知识才能改变命运，只有学习才能突破，才能具备竞争力。

当然，真正的成功者并不仅仅是因为勤奋，还因为他们开动了大脑，在当今这个充满机遇的市场竞争下，所考验的就是思维的灵活性，一个人，只有发挥想象力，才能做出他人做不到的成就，才能享用财富带来的快乐。

阿尔伯特·哈伯德在美国是个传奇式人物。

他出生于伊利诺伊州的布鲁明顿，哈伯德的父亲既是农场主又是乡村医生。哈伯德曾经供职于巴夫洛公司，工作任务是推销肥皂，但他并不喜欢这样的工作，1892年，哈伯德放弃了自己的事业进入了哈佛大学，随后，未完成学业的他又开始到英国徒步旅行，不久之后，哈伯德在伦敦遇到了威廉·莫瑞斯，并喜欢上了莫瑞斯的艺术与手工业出版社。

哈伯德回到美国后，他试图找到一家出版社来出版自己的那套《短暂的旅行》的自传体丛书，但是，并没有一家出版社愿意给他出这本书，所以他决定自行出版，他创建了罗依科罗斯特出版社，哈伯德的书出版之后，成为了既高产又畅销的作家。

随着出版社规模的不断扩大，人们纷纷慕名而来拜访哈伯德，最初游客会在周围的旅馆住宿，但随着人越来越多，周围的住宿设施已经无法容纳更多的人了，哈伯德特地盖了一座旅馆，在装修旅馆时，哈伯德让工人做了一种简单的直线型家具，而这种家具受到了游客们的喜欢，于是哈伯德开始了家具创造业。公司的业务蒸蒸日上，同时，出版社出版了《菲士利人》和《兄弟》两份月刊，而随后《致加西亚的信》的出版使哈伯德的影响力达到了顶峰。

有人说，阿尔伯特·哈伯德有无比传奇的一生，他之所以能在多方面都能获得成功，不仅因为他勤奋付出，还因为他有着与众不同的思维，他敢于尝试，善于发现他人不曾发现的商机。

在《致加西亚的信》中，阿尔伯特·哈伯德讲述了罗文送信的故事："美国总统将一封信写给加西亚的信交给了罗文，罗文接过信以后，并没有问：‘他在哪里？’而是立即出发。”拖沓、懒散的生活态度，对许多人来说已经是一种常态，要想成为罗文这样的人，我们就应该忍耐惰性，努力让自己变得勤勉起来。

懒惰体现在两个方面，懒惰的思维和懒惰的行为，可以说，懒惰不仅是一个人成功的大敌，而且，它还是我们不良情绪的源头。在充满困难与挫折的人生道路上，懒惰的人过着极为单调的生活，在他们的生活里，只习惯于等、靠、要，从来不想发现、拼搏、创造，最终，他们不仅错过了多姿多彩的生活，而且将一事无成。

总之，一个人成就的大小取决于他做事情的习惯，而忍耐惰性是做事情的一个重要技巧。我们要想完成既定目标，取得成功，就应该培养勤勉的习惯。一旦养成了这个习惯，“完成目标，马上行动”就会成为一件自然而然的事情。

适度即可，凡事把握好分寸

人生在世，无论是谁，他的一生的活动无非是两种：一为说话，二为做事。但无论说话还是做事，都必须既有条又有理。这其中的条例，即为“度”的把握，也就是我们说的分寸和火候，中国人常说：“话不说满，事不做绝”，这句话的含义是，为人处世要低调，要把握好分寸，很多时候，这是给自己拓展空间；而做人做事把握分寸和火候就是自控力的重要方面，需要我们加以培养，方能获得。我们先来看看下面的故事：

一次，楚王邀请群臣来喝酒，席间，为了助兴，楚王叫来了自己最宠爱的两位美人许姬和麦姬轮流向各位敬酒。

因为是在室外举办的宴会，所以，当一阵狂风吹来时，在场的所有灯笼和蜡烛都被吹灭了。此时，一个好色的官员趁机摸了许姬的玉手。许姬当然本能地甩了一下手，谁知道，这下子，她一不小心扯掉了这位官员的帽带，然后她匆匆回到座位上并在楚王耳边悄声说："刚才有人乘机调戏我，我扯断了他的帽带，你赶快叫人点起蜡烛来，看谁没有帽带，就知道是谁了。"

楚王听了，并没有责备那位官员，而是立即令人先不要点蜡烛，并对在场的所有人说："我今天晚上，一定要与各位一醉方休，来，大家都把帽子脱了痛快饮一场。"

有了楚王的命令，大家也只好脱了帽子，自然也就看不出是谁的帽带断了。后来楚王攻打郑国，有一健将独自率领几百人，为三军开路，过关斩将，直通郑国的首都，而此人就是当年调戏许姬的那一位。他因楚王施恩于他，而发誓毕生效忠于楚王。

"人非圣贤，孰能无过。"很多时候，我们放他人一马，就是给自己创造机会。很多时候，我们都需要宽容，宽容不仅是给别人机会，更是为自己创造机会。

诚然，人们常说：“凡事要认真”，这原本没错，但是一个人一旦认真到了极端的地步，眼里丝毫不容沙子，那就是和自己过不去，到头来终究会自讨苦吃。所以，我们在做事过程中，一定要把握分寸和火候，尤其是与人打交道，你也没必要把事做绝。俗话说：“兔子急了也咬人”，你把别人逼得没有丝毫退路，对方除了奋力反击之外还能有什么选择？

我们再来看下面的寓言小故事：

远古时候，有群水牛，他们推举某个雄壮、德高望重的公牛为他们的领袖。

这天，在水牛王的带领下，众水牛出来觅食，谁知，途中，他们遇见一只顽猴挑衅，还向水牛王抛掷石块。顽猴的行为激怒了众水牛，正当他们要报复时，水牛王阻止了他们。有水牛问他为什么要这样懦弱，以众水牛的力量，完全可以惩治这只顽猴。于是水牛王说了一段偈语来回答：“彼轻辱贱我，又当加施人；彼人当加报，尔乃得牲患。”过了一会儿，有一伙婆罗门经过这里，那只猴子又故技重演，打了这伙婆罗门。结果，被婆罗门抓住，痛打致死。

这则小故事中，水牛王是有远见的、聪明的，低调一点，换来的是和平。而猴子是无知的，他去招惹婆罗门，无疑是拿石头砸自己的脚，而这更应验了水牛王的话，“彼轻辱贱我，又当加施人；彼人当加报，尔乃得牲患。”

俗话说“物极必反”“满招损，谦受益，时乃天道”。水缸装满了水，再往里面添水，就会往外溢，这就是物极必反，事物发展到了极端，必然朝着相反的方向发展。我们为人也不可太狂妄，更不能欺人太甚，以强凌弱，给别人留后路也就是给自己留退路，有时受欺者貌似软弱，实际上是胸怀宽广，不与计较。当你受欺之后，不必愤恨不已，或冲动地做出让自己后悔的憾事。

所以，万事一定要适可而止。比如，当你身处非常显赫的地位或者事业取得非常大的成功时，你就不能再争强好斗了，而应该与别人分享，与别人合作，同舟共济，采取低调学习的态度，才不至于骄傲自满。再比如，在与人竞争的过程中，在奠定了自己必胜战局的时候，要给别人留一条退路，同时也给自己留一条退路。而做得太绝，不留后路，日后必会急火攻心，一败涂地。说话、做事讲求弹性，把事做得更加灵活、进退得宜，无论在社交还是求取成功的过程中，你都会如虎添翼！

第 05 章

只要你坚持，就能让困难为梦想让路

生活中，我们每个人都怀揣梦想，但是为什么有些人能攫取成功的果实，有些人却只能甘于平庸？许多人没有走出属于自己的成功，这是因为他们在困难面前退缩了，追求梦想的过程中，虽然我们经常会遇到挑战、压力甚至是困境，它会让你身心疲惫，但这些磨难也会让人的意志变得更加坚强，性格更加成熟，提高他们的能力，从而使他们最终获得成功。因此，从现在起，我们始终要记住，梦想终是我们的方向灯，我们只有改变态度，始终坚守自己的梦想，才能战胜困难，才能知难而进，最终实现自己的梦想。

心中有梦想，脚下就有路

我们都知道，每个人都有巨大的潜能，也都有自己的梦想，然而，生活中，面对梦想，有些人慨叹：其实我并不喜欢现在的生活，我有自己的梦想……谈了一大堆的计划，一大堆的梦想之后，可是并没有去实践，如果你问他们，他们还会摇摇头说：不行啊、无奈啊、没办法啊、困难太多了……真的没办法吗？既然无力改变又何必总是埋怨？ 既然不敢面对困难，又何必牢骚满腹？

当你对工作、对生活有了梦想，你是不是能够大胆地去实践？ 还是仅仅把它作为一个遥不可及的梦，最后只能默默地埋藏在心底，到老了才感到莫大的遗憾？

其实，我们每个人都应该为梦想而努力，只要想做，并排除困难，实施并坚持下去，那么你就能做成。这正是行动的作用。世界著名医生贝尔曾经说过这么一段至理名言：“想着成功，看着成功，心中便有一股力量催促你迈向期望的目标，当水到渠成的时候，你就可以支配环境了。”

杰斐逊是一名普通的汽车修理工，靠这份工作生活，勉强能够糊口，但是他的目标并不在此，他希望自己能拥有一份更好的工作。

一次，他打听到，汽车城底特律正在招聘员工，他心想，可以前去试试。当时招工启事上所写的招聘日期是星期一，所以，他在前一天下午就到了底特律城。

晚饭后，他一个人待在旅店里，突然静下心来，开始想到很多事，很多过去经历的事像电影般在脑海中播放了一遍。突然间，他感到一种莫名的烦恼，他自认为自己头脑灵活、做事勤快，为什么到现在一事无成呢？

接下来，他从包里拿出来纸笔，然后写下了几个人的名字，这些人和自己年纪相仿、认识已久，关键是比自己优秀，其中他两位曾是他的邻居，而如今却搬到富人区去了，还有两位是他以前的老板。

他扪心自问：与这4个人相比，到底自己在哪方面不如他们？自己真的笨吗？倒不尽然，经过很长一段时间的反思后，他找到了问题的所在——自己性格情绪的缺陷。他承认，在这一方面，自己确实不如他们。

想着想着，时间过去，竟然已经到了凌晨的三点多了，他却越发睡不着，他觉得这些年来，他第一次认清了自己，看到了自己致命的缺点，很多时候不能控制自己情绪的缺陷，例如爱冲动、自卑，不能平等地与人交往等。

所以，他为这一问题检讨了自己一晚上，他才发现，自己是一个极不自信、妄自菲薄、不思进取、得过且过的人。他总是认为自己无法成功，也从不认为能够改变自己的性格缺陷。

最终，他下定决心，从那一刻开始，绝对不会再自贬身价，认为自己不如人了，只有先完善自己的性格缺陷，才有可能变得优秀。

第二天一大早，他抬头挺胸地来到了这家公司，信心满满地前去面试，果然顺利地被录用了。在他看来，之所以能有这样一个工作机会，就是因为头一天晚上他做了自我检讨并认识到了自信的重要。

在上任的两年内，杰斐逊逐渐变成了一个受大家欢迎而且能力出众的人，大家都喜欢这样一个乐观、自信和积极热情的杰斐逊，两年后，他加了薪水，又升了职，成为一个小有成就的人。

可见，勇敢地尝试新事物，做出改变，可以帮助我们发现新的机会，使你迈进从未进入的领域。生命原本是充满机会的，千万不要因为放弃尝试而错过机会。

不得不说，我们不敢为梦想拼搏，多半是害怕失败、没有排除万难的勇气，而当你发觉不得不改变的时候，你已经失去了很多宝贵的机会。任何成功都源于改变自己，你只有不断地剥落自己身上守旧的缺点，才能做到敢为人先，才能抓住第一个机会，才能实现自己的进步。

我们大多数人都与梦想渐行渐远。为什么呢？ 因为我们都认为梦想终归是梦想，只把它当成了遥不可及、无法实现的目标，而始终没有为梦想做出改变，并且总能找出很多实施的困难。比如，没有足够的资金开创自己的事业；学历不高；竞争太激烈，做这个太冒险了；没有时间；家人不支持我……而没有足够的资金，没有学历，没有这个那个，其实都是缺乏意志力的人为自己找到的冠冕堂皇的借口。别忘了那句最常听说却最容易忽略的话：事在人为。

事实证明，如果能够跨越传统思维障碍，掌握变通的艺术，就能应对各种变化，在变化中寻找到新机会，在变化中获取新利益。在我们的生命中，有时候必须做出困难的决定，开始一个更新的过程。只要我们愿意放下旧的包袱，愿意学习新的技能，我们就能发挥自己的潜能，创造新的未来。我们需要的是自我改革的勇气与再生的决心。

另外，在你进行尝试时，难免会遇到困难，但你必须要从心理上克服它，从行动上战胜它，你才能站在高高的位置上，低头俯视你的问题。可见，对于梦想，如果你不敢改变现在的生活，没有超人的胆识，就不会有超凡的成功。

坚持下去，你总会成功

任何人都知道，人生旅途上沼泽遍布，荆棘丛生。也许会徘徊不前也许会步履蹒跚；也许，我们需要在黑暗中摸索很长时间，才能找寻到光明……但这些都算不了什么，一个心中有梦想的人，都会坚信一点，总有一天，他们会变得很棒，所以，你也应该做到不放弃，知道自己要什么，该干什么，并应该勇敢地去敲那一扇扇机会之门。

事实证明，任何一个目标明确的人，都不会迷茫，更不会中途放弃。一个人要想获得人生的幸福，那么每一天都应该勤奋工作。付出不亚于任何人的努力，这虽然是一个长期的过程，但只要坚持就一定能够获得不可思议的成就。

下面一个简单的故事，却蕴含了一个深刻的道理，它告诉我们——在坚持梦想的过程中，那些打不倒的，都将使你变得更加强大。

1819年，他还是个13岁的瘦弱男孩，当时虽然在火车上卖报纸和雪茄烟，但此时他已经有了自己的志向，他希望在未来能成为一名交易商，所以，每每他听到乘客谈论投资方面的事时，他总是听得特别入神。

对于一个卖报的男孩来说，这样的志向简直是天方夜谭，为此，他常常被嘲笑。

梦想实现的过程并不是那么容易，为了追梦，长大后的他整天躲在狭小的地下室里，将数百万根的K线一根根地画到纸上，贴到墙上，接下来便对着这些K线静静地思索，有时他甚至能面对着一张K线图发几个小时的呆。

后来他干脆把美国证券市场有史以来的记录搜集到一起，在那些杂乱无章的数据中寻找着规律性的东西。由于没有客户，挣不到薪金，这个美国人许多时候不得不靠朋友的接济勉强度日。

这样的情况在他的世界持续了6年。这6年，他集中研究了美国证券市场的走势与古老数学、几何学和星象学的关系。

6年后，他发现了有关证券市场发展趋势的最重要的预测方法，他把这一方法命名为“控制时间因素”。后来他在金融投资生涯中赚取了5亿美元，成为华尔街上靠研究理论而白手起家的神话人物。

他叫威廉·江恩，世界证券行业尽人皆知的最重要的“波浪理论”的创始人。

成功需要梦想，梦想需要坚持，这是一条最原始也是最简单的真理。诺贝尔奖获得者巴斯德曾豪迈地宣称：“告诉你达到目标的奥秘吧，我唯一的力量就是我的坚持精神。”需要持之以恒的原因就在于，世上凡是有价值的事情通常都是有一定难度的，不可能一蹴而就，因此只有持之以恒才能完成。

在我们的生活中，也有不少人的内心中，都有自己的梦想，但紧张的工作，可能会让他们搁浅心中的梦想。不知你是否发现，正是因为你失去了梦想，才会显得无力，没有热情。任何人的潜能只有具有一个伟大的动力，才会被最大限度地激发出来。而在这个过程中，最为重要的就是在面对压力、挫折、困难时是否有继续向前的愿望和动力，任何想要成功的人，他首先要学会的就是坚韧不拔，要能够超越失败，成功才会与你越来越近。

数十年前，在加拿大，有一位叫让·克雷蒂安的少年，他曾因疾病而落下口吃的毛病，嘴角畸形，而且更严重的是，他还有一只耳朵失聪。后来，有一位医生告诉他，在嘴里含着石子能矫正口吃，于是，他就每天在嘴里含着一颗石子练习讲话，一段时间以后，嘴巴和舌头都流血了，疼痛难忍。

母亲看到后，十分心疼，她对儿子说："孩子，不要练了，妈妈会一辈子陪着你。"但克雷蒂安摇了摇头，然后替母亲擦干眼泪，十分坚定地说："妈妈，听说每一只漂亮的蝴蝶，都是自己冲破束缚它的茧之后才变成的。我一定要讲好话，做一只漂亮的蝴蝶。"

克雷蒂安的努力最终有了成效，终于能够流利地讲话了。他勤奋学习，学习成绩优异，并获得了周围人的赞赏。

1993年10月，克雷蒂安参加加拿大总理大选时，他的对手大力攻击、嘲笑他的脸部缺陷。对手曾极不道德地说："你们要这样的人来当你们的总理吗？"然而，对手的这种恶意攻击却招致大部分选民的愤怒和谴责。当人们知道克雷蒂安的成长经历后，都给予他极大的同情和尊敬。在竞选演说中，克雷蒂安诚恳地对选民说："我要带领国家和人民成为一只美丽的蝴蝶。"结果，他以极大的优势当选为加拿大总理，并在1997年成功地获得连任，被国人亲切地称为“蝴蝶总理”。

一个口吃少年变成人人敬仰的“蝴蝶总理”，他真的如蝴蝶一样，实现了自己人生的蜕变。这也验证了那样一句话：“总有一天，你会变得很棒的！”就如阳光总在风雨后一样，那些看清方向并一如既往坚持的人，他们总能看到困难中的机遇，同时克服机遇中的困难，他们总是在坚持理想，脚踏实地，持之以恒。最终获得更多更好的契机与机遇。

战胜现在的困难，迎接灿烂的明天

追求事业的过程中，苦难是不可避免的，但我们每个人都有自己的选择，有的人选择抱怨，有的人选择自暴自弃，有的人选择隐忍、奋进。很多时候，我们已经忘记了还有一种东西——耐心，当我们保持顽强的耐心，那苦难就会令我们变得更坚强，成功也就是指日可待的事情了。因此，我们需要记住，没有打不倒的困难，没有到不了的明天。

莎士比亚曾说：“困苦永远是坚强之母。”所谓的苦难、错误并不是白白经历的，忍耐这些痛苦之后，它会让我们的人生绽放出最美丽的成功之花，因为忍耐力是成功的砝码。具有强劲忍耐力的人，他们从来不惧怕挫折和困难，他们甚至将挫折当作是自己人格的试金石，是自己输得只剩下生命时，潜在心灵的巨大力量。如果没有较强的忍耐力，就没有勇气，没有拼搏精神。只有保持强劲的忍耐力，一往无前，坚持不懈，才会在失败中崛起，奏出人生的华章。人们在面对压力和困难时会激发出巨大的潜能，但在迎难而上的同时，他们注定要经历磨难之苦，这时若没有较强的忍耐力，他们就无法获得成功，因此忍耐力是成功的砝码。

凡成大事者，必须忍受得住困难的打磨，经得起失败的打击，成功需要风风雨雨的洗礼，一个有追求、有抱负的人，总是视挫折为动力，有一句话说的好：“能受天磨真铁汉，不遭人嫉是庸才。”所以说：“困难”对于天才是一块成功的跳板，对强者是一笔宝贵的财富。而对于弱者，就是使之坚强的臂力器。

1832年，林肯生意失败了，随后，在竞选中，他也失败了，遭遇了双重打击，林肯痛苦万分，但林肯决定站起来，他开始着手自己创业，然而，还不到一年，企业倒闭，精神上的打击自不必说，林肯还得为债务烦恼，而在接下来的还债时间，达17年之久。

随后，林肯再一次决定参加竞选州议员，幸运的是，这次他终于成功了，他的人生从此出现了一丝希望。

1835年，他订婚了。但就在快结婚的前几个月时，他的未婚妻不幸离世，这对他打击颇大，他病倒了，数月卧床不起，甚至一度患上了精神衰弱。

1838年，林肯觉得身体状况良好，于是决定竞选州议会议长，然而他失败了。1843年，他又参加竞选美国国会议员，但这次仍然没有成功。

命运的天平似乎不曾偏向于林肯，他的每一次尝试都失败了，然而，即便如此，他从来未曾放弃。1846年，他又一次参加竞选国会议员，结果并没有让人失望，他终于当选了。

两年任期很快过去了，他决定要争取连任。他认为自己作为国会议员表现是出色的，相信选民会继续选举他。但结果很遗憾，他再一次落选了，并因为这次竞选赔了一大笔钱。林肯申请当本州的土地官员，但州政府把他的申请退了回来，上面指出："做本州的土地官员要求有卓越的才能和超常的智力，你的申请未能满足这些要求。"

接连又是两次失败。在这种情况下你会坚持继续努力吗？你会不会说"我失败了"？然而，林肯没有服输。1854年，他再次竞选参议员，但失败了；两年后他竞选美国副总统提名，结果又是被对手击败；又过了两年，他再一次竞选参议员，还是以失败告终。

但是，无论遭遇多少次失败，林肯从未放弃自己的追求，终于，1860年，他当选为美国总统。

亚伯拉罕·林肯在竞选参议员失败后曾说过这样一句话："此路艰辛而泥泞。我一只脚滑了一下，另一只脚也因而站不稳；但我缓口气，告诉自己'这不过是滑一跤，并不是死去而爬不起来’。”确实，一次失败并不会让你一无所有，相反，因为内心的忍耐力，会让你得到了宝贵的经验去开始下一次尝试。

曾有人说：“成功的人生是痛苦与失败的交织，是磨难与顺利的交替。”命运赐给我们机遇和幸福，同时也给我们缺憾和困难，如果我们缺乏应有的忍耐力，在痛苦与困难面前低了头，那我们也将失去机遇和幸福。因此，面对生活中的挫折和困难，不要畏缩自卑，不要怨天尤人，而是用坚强的意志和刚毅的态度对待磨难，用豁达的心态来对待生活，这样我们就会多一点希望，收获多一些幸福。

成功的人生往往是从卓越的目标开始的，但卓越的目标的背后肯定是充满荆棘和坎坷的路。如果想要通过这样一条路，就必须要经受得住荆棘的刺痛和坎坷的摔打，而想要经受住这一切，就需要较强的忍耐力，这样追求成功的意志才会坚强起来。忍耐力是人生不可多得的财富，拥有了这笔财富，就没有什么困难不能克服，没有什么曲折可以把人击倒。

在最难熬的时光里，练就最美好的自己

我们都知道，没有人能随随便便成功，自古以来的许多卓有成就的人，大多是抱着不屈不挠的精神，忍耐枯燥与痛苦之

后，从逆境中奋斗挣扎过来的。在人生的道路上，我们若想有所收获，就必须要耐得住寂寞。因为成功并不是一蹴而就的，需要我们耐心等候。

歌德说：“人可以在社会中学习。然而，只有在孤独的时候，灵感才会不断涌现出来。”由此，我们可以看到的是，如果你今生想要有所建树，成就自我，那么，在孤独中坚守，在孤独中完善自我，走向成功，是必经之路。一个人，只有依靠自己的力量，脚踏实地顽强拼搏，才有可能达到目标，实现梦想。

自古以来，凡是能够成大事者，他们必须耐得住寂寞，排除外界的干扰。然而，我们不得不承认，现实生活是一个处处充满诱惑，时时会有外来干扰的世界，要维持长时间的、集中的注意力，必须具备一定的自我控制能力，想要做到这一点，就需要我们做到静心，所以，从某种意义上说，内心是否宁静是我们能否持久专注于工作和学习的前提条件。也就是说，要抵御诱惑，需要我们在努力中保持一份平常心，这样，我们就能不对外界的“花花绿绿”“流光溢彩”生非分之心，不做越轨之事，不做虚幻之梦。

华人导演李安曾经执导的《理智与情感》被列入了“影史伟大的100部英国电影”榜单。回望李安的成功，就好像一次生活的蜕变，但这个过程中，他付出了巨大的代价。内敛和害羞的李安曾说：“我天生竞争性不强，碰到竞赛，我会退缩，跟我自己竞争没问题，要跟别人竞争，我很不自在，我没那个好胜心，这也是命，由不得我。”这个信命的男人，却以自己强韧的耐心完成一次生命华丽的蜕变，从一个普通的男人蜕变成为了响彻国际的大导演。

虽然，李安毕业时的作品《分界线》为他赢来了一些荣誉，但毕业之后，他没有找到一份与电影有关的工作，他只得赋闲在家，靠妻子微薄的薪水度日。那段日子算是李安的潜伏期，他为了缓解内心的愧疚，不仅每天在家里大量阅读、大量看片、埋头写剧本，而且还包揽了所有的家务，负责买菜、做饭、带孩子，将家里收拾得干干净净。他偶尔也会帮人家拍拍片子、看看器材、做点剪辑处理、剧务之类的杂事，甚至还有一次去纽约东村一栋很大的空屋子去帮人守夜看器材。在这段时间，他仔细研究了好莱坞电影的剧本结构和制作方式，试图将中国文化和美国文化有机地结合起来，创造一些全新的作品。

后来，李安回忆起这段日子的煎熬生活，依然十分痛苦：“我想我如果有日本男人的气节的话，早该切腹自杀了。”就这样，在拍摄第一部电影之前，他在家里当了六年的家庭煮夫，练就了一手好厨艺，就连丈母娘都夸奖：“你这么会烧菜，我来投资给你开馆子好不好？”蛰伏了一段时间之后，李安出山了，他开始执导自己的第一部电影《推手》，紧接着，他内心对电影艺术的狂热就好像终于等到了发泄的机会，他导演的电影一部接着一部，部部片子都是经典，都为其成功奠定了扎实的基础。

就这样，李安完成了一次生命华丽的蜕变。

这里，我们佩服的是，李安导演因为自始至终对电影业都怀抱理想和希望，所以他能够在家里做了六年的“煮夫”，足见他的忍耐力。在那段煎熬的日子里，他安静蛰伏着，就好像蝴蝶在蜕变之前所经历的一切环节，忍受着寂寞与孤独，忍受着枯燥和痛苦，但他终于以自己的耐心等来了那一天，终于，他成功了，虽然，蜕变的代价是巨大的，但他已经忍受了过来，现在的他，只需要轻轻地努力就可以采摘成功的果实，生活对于他，也从来都是公平的。

西奥多·罗斯福也曾说过：“有一种品质可以使一个人在碌碌无为的平庸之辈中脱颖而出，这个品质不是天资，不是教育，也不是智商，而是自律。有了自律，一切皆有可能，否则连最简单的目标都显得遥不可及。”任何一个人的才能，都不是凭空获得的，学习是唯一的途径。学习的过程，就是一个不断克服自我，控制自我的过程，只有首先战胜自己，摒除内在和外在的干扰，才能以全部的激情投入到对知识的汲取中。

现在就树立梦想，然后用不懈的努力来实现

我们都知道，任何一个有理想、有追求、有上进心的人，一定都有一个明确的奋斗目标，他懂得自己活着是为了什么。因而他所有的努力，从整体上来说都能围绕一个比较长远的目标进行，他知道自己怎样做是正确的、有用的，否则就是做了无用功，或者浪费了时间和生命。显然，成功者总是那些有目标的人，鲜花和荣誉从来不会降临到那些没有目标的人的头上。

因此，我们只有从现在起，树立一个精细、明确的目标并为之努力、奋斗，我们才会认识到体内所蕴藏的巨大能力，才能最终实现自己的理想。

曾经，在某小学的一堂作文课上，老师为大家布置了一个作文题目：我的梦想。

有个小男孩，他很清楚地知道自己的梦想是什么，所以他奋笔疾书，很快写好了作文，内容是：我想拥有一座占地十余公顷的庄园，在庄园里，有休闲旅馆，有烤肉区，有小木屋。

然而，当他把作文交上去的时候，老师却批了一个大大的红“×”，并要求重写。

小男孩费解，就问老师理由，老师说：“我说的是围绕自己的梦想写，而不是让你在这痴人说梦，你知道吗？”

小男孩委屈地说：“可是，老师，这真的是我的梦想啊！”

老师生气地说：“可是你说的这些都是空想，我要你重写。”

小男孩依然不愿意妥协，他自信地说：“我很清楚，这才是我真正想要的，我不愿意改掉我的梦想。”

老师摇摇头：“如果你不重写，我就不让你及格了，你要想清楚。”小朋友坚定地摇摇头，因为不愿意重写，那篇作文他只得到了一个大的“E”。

很快，30年过去了，曾经的这位教师也老了，一次，他带着一群小学生来到了一座很大的庄园，享受着绿草、舒适的住宿以及香味四溢的烤肉。

他走着走着，遇到了庄园的主人，他一看，竟然是自己曾经的学生，也就是那个作文不及格的学生，回想当年，他十分惭愧，也感叹万分：“30年来为了我自己，不知道用成绩改掉了多少学生的梦想，而你，是唯一坚定自己梦想，相信自己，没有被我改掉的人。”

在生活中，对于自己的梦想或是目标，不管有多么虚无缥缈，多么不切实际，都需要坚持到底，永远地相信自己一定能办到，一定可以实现这些目标。如果有人对我们的想法进行挑衅，也不要退缩，更不要随意更改自己的目标，有句话叫“走自己的路，让别人去说吧”，别人爱挑衅，对我们的言行进行冷嘲热讽，那是他们自己的事情，而我们只需要保持自信，就可以赢得最后的成功。

当然，只是有目标并不能带来成功，要真正实现蜕变，还要我们忍耐枯燥、寂寞，需要我们付出不懈的努力。

有人说，李阳是中国教育产业里的比尔·盖茨，因为“李阳疯狂英语”让世界语言教学界为之疯狂。但没有人会想到，“疯狂英语”的创始人李阳，是一个从小自闭、怕说话、连电话都不敢接的人。

李阳一直到读大学的时候，英语成绩都很差，尤其是在口语和听力上。

有一次上课时，李阳被老师叫起来回答一个问题，他明明知道问题的答案，但却因为胆怯说不出来，然后，他对老师说：“我可以把答案写在纸上给您看吗？”全班同学哄堂大笑。对此，老师很生气，他说：“同学们，你们记住，如果你们不好好学习口语，那么，你们就会像李阳这样。”

“就像李阳这样”，这句话深深地刺激了他。从那时起，他就下定决心，非要把口语练好不可！

后来，李阳想出了一个练习口语的方法。每天早上，他都起得比别人早，然后他跑到学校后面的小山上练习口语，他并不是简单地读英语单词，也不是背诵英语课文，而是大声地叫喊，并且，令人不可思议的是，为了锻炼自己，他在嘴里含了一块石头。

在李阳自己看来，他之所以说不好英语，有两个方面的原因：一是胆怯，不敢说；二是发音问题。喊英语，能练胆子；

含石子，能练发音。就这样，李阳坚持不懈地练习口语，风雨无阻。遇见熟人，也不怕别人耻笑，即使别人骂他疯子，他也不在乎。

果然，李阳的努力没有白费。三个月后，李阳不仅能流利地回答出英语老师的问题，甚至还为老师纠正部分错误的发音。时至今天，“李阳疯狂英语”成了英语学习产品当中最响亮的一块牌子。

“无论是目前找工作，还是工作后，都会面对更多想象不到的困难，只有自己有信心面对才能战胜。”成功后的李阳这样说。

李阳的经历再次告诉所有的青少年朋友，勤能补拙，天才并不是生来就是天才，而是后天努力才练就的。青春期，你最大的使命莫过于学习，努力学习积累科学文化知识，才能用知识武装自己，从而更好地完成自己在未来社会的使命。

所以，我们要记住的是，一定要追随自己的内心，要敢于追逐自己的梦想，要永葆激情、不断摸索、不怕失败，最终你会找到自己的一条路，最终也会做出成就。

生活中的人们，为梦想努力吧，假如你是一名学生，为分数而努力学习，你就会得到分数，但如果为充实自己、为求知读书，除了在得到分数外，你会获得知识和成长；假如，你是一名商人，为了挣钱而做生意，你的努力会帮你实现财富梦，除了财富外，你还获得为之打拼的快乐；假如，你是一名员工，为每月定时发放的薪水而工作，你可能得到较少的薪水，如果你为提高公司业绩而奔走，你不仅会得到较多的薪水，也会得到满足和同事的敬重，你对公司的贡献大家都看在眼里。

总之，梦想具有无穷的力量。梦想也会给我们带来快乐，只要你追随自己的天赋和内心，你就会发现，你的生命被赋予了更高的意义，你也不再是消磨光阴，而是在让时间闪闪发光，奋斗也就变成一件快乐的事。

第 06 章

内心坚定，勇敢突破内心的藩篱

心理学研究表明：人们在日常生活中，经常会遇到各种各样的困难和障碍，而这会导致我们内心的不安，严重时就会给人带来恐惧，形成焦虑。如何消除内心不安，直接影响着我们做事的成功与否，而为了解决问题，实现自己的目标，我们必须坚定内心，历练出一颗强大的心脏，才能淡定从容地面对任何事。

你就是你，绝不要成为他人的复制品

人与人相处，难免会相互比较，比较之下，就容易发现不如人的地方。“魔镜啊魔镜，谁是这世上最美丽的女子？”白雪公主的故事里，恶毒的王后总是一遍又一遍地重复着这个问题。“既生瑜何生亮？”喜欢攀比的人多半要发出这样的感慨，于是他们总是不能开怀。其实，手指各有长短，人与人更是各不相同，盲目攀比是我们不快乐的根源，也完全没有存在的必要。

老子在《道德经》中提倡无为而治，就是让人放下攀比之心，无为而无不为，意思是不攀比而无所不能。“无为”并不是什么都不做，而是放下攀比之心，因为有了攀比之心，人们不能按自己的方式去生活，去做事。会变成大致相同的人。人都有自己的特长，有自己的才能，有自己的价值观。以不攀比之心去做，会做得很好，也才会发挥自己最大的价值。

实际上，我们每个人都是特别的，你也不需要与他人比较，比较只会让你陷入不快乐的情绪中。

“这段时间，我觉得自己挺奇怪的，只要看到别人的得意之处，总会忍不住地与自己相比，结果一比，我发现自己是那么不如人。比如，下班之前，大家会交流自己的销售情况，如果我听到有人说今天又做了多少单生意，我就会内心莫名地恐慌，甚至还是有点恨对方，心中暗暗诅咒对方。虽然也知道这样的想法很不对，但我就是控制不住自己。难道我真的是一个很坏的人，忍受不了别人比自己强吗？”

这类心理恐怕很多人都曾有过。心理学家指出，如果我们不控制盲目比较的心理的话，轻则会影响到我们的心理健康，严重的甚至会让我们产生心理疾病。而只有做到少一些比较，才能多一些开怀。

的确，攀比之心，人皆有之，但这种比较是没有任何意义的。不管你比得过别人，还是比不过别人，你的生活、你的现状都不会受到任何影响。你既得不到别人的财产，也不会失去自己所拥有的一切。所以，请停止无谓的攀比，不要给自己徒增烦恼。

比较是一把利剑，这把利剑不会伤到别人，只会伤害自己。它刺向自己的心灵深处，伤害的是自己的快乐和幸福。俗话说，“人比人，气死人”，生活中，如果你陷入没有原则没有意义的盲目比较中，结果只会导致心理失衡。而如果你能放下比较给你带来的枷锁，活出不一样的自我，快乐就会如影随形。

那么，我们该怎样进行心理调节呢？

1. 通过自我暗示，增强自己的心理承受能力

自我暗示又称自我肯定，这是一种强有力的调节心理的技巧，它可以在短时间内改变一个人对生活的态度，增强对事件的承受能力。具体方法表现为用具有鼓励性的语言、动作来鼓励自己。比如，当别人取得好成绩时候，你也可以在心中鼓励自己“其实我也很好”久而久之，盲目比较的习惯就会有所改善。

2. 尽可能纵向比较，减少盲目地横向比较

比较分为纵向比较和横向比较。横向比较指的是将自己与他人比，而纵向比较指的是将昨天的自己和今天的自己比，找到长期的发展变化，以进步的心态鼓励自己，从而建立希望体系，帮助个体树立坚定的信心。

比如，困难面前，如果你消极悲观，那么，任何一件小事都能让你痛苦万分。而如果你积极乐观，你会发现，还有很多比你还不幸的人。生活中的你，每当遇到困难时，不妨以此激励自己。

3. 快乐之药可以治疗自卑

生活中，有痛苦也有快乐，快乐的人之所以快乐，是因为他们善于发现快乐的点滴，而如果一个人总是想：比起别人可能得到的欢乐，我的那一点快乐算得了什么呢？那么他就会永远陷于痛苦嫉妒之中。

4. 完善自己

一个人如果明白只有完善自己才能逐步提高的道理，也就能转移视线，不仅找到了努力的动力，也会豁然开朗。

总之，知足常乐，少一些比较，多一些快乐，才是最佳状态！

不必刻意隐藏，做最真实的自己

现今社会，各行各业竞争激烈，人与人之间的关系日益复杂，为了事业、为了前途，在领导、同事、朋友面前，有些人为了求平安，丢失了真实的自己，并美其名曰适应时代潮流。而事实上，长时间的伪装只会让自己身心俱疲。不可否认，那些能追求真实自我的人往往生活、工作得更快乐、舒心。

陶渊明之所以归隐田园，就是因为他不愿伪装自己，屈尊与悭吝之辈同流合污，李白的“仰天大笑出门去，我辈岂是蓬蒿人”也是一种写照。然而，历史上也不乏那些以为伪装就能保全自己而最终玩火自焚的人。

当然，现实生活中，人们偶尔戴着面具与人交往，有时候并不一定是恶意的，或者是自私的，某些时候是为了顾全大局，或者为了求得夹缝中生存，或者为了所谓的面子，但无论哪种目的的伪装，都是对最本真的自我的一种掩饰，都是一种身心的折磨，可以说，那些长久伪装的人，必当是身心俱疲的。生活中，许多人深感活着真不容易，大抵也就是这个原因。虽然不会有丢掉性命的危险，也不用担心会留下千古骂名，但一个不会做自己的人，能有自己独到的见解吗？在碰到挫折时，能义无反顾地往前走吗？这样的人，不仅会让人觉得没有原则，而且不会得到朋友、同事、领导的信任。

生活中，我们常常听到大人们教育孩子：“不要太有自我，要对什么人都好。”在这种情况下，许多人学会把自己包装起来。但这样做真的会有好处吗？

我们再来看一个好学生的日记：

聪明、听话、成绩超棒、老师们都喜欢我……从小，我就是听着周围人这样的赞扬长大的。周围的同学都很羡慕我，可又有多少人知道，我更羡慕他们。我知道自己并没有他们说的那么好，只是我不得不总是表现出自己最好的一面。有时候，我多想做个无忧无虑的人，和其他同学一样疯玩一阵，直到大汗淋漓才停下来休息。小学里，下午第二节课后有长达半小时的课间，教室里只能留下值日生，其他人都在操场上活动。老师不允许我们剧烈运动，回教室若看到谁面红耳赤、气喘吁吁，便让他们站在门口，直到恢复平静才能进教室。尽管如此，同学们依旧先疯玩20分钟，剩下10分钟休息。而我，每次捧一本书坐在一边，却看不进什么东西。其实我也想和他们一起玩，但是我害怕。我害怕同学们说“好同学也不过如此，只会在老师面前装乖”，我害怕老师说“一点好学生的样子也没有”。每次听着老师的表扬、同学们的羡慕或不屑之词，我只有一阵苦笑。

有时，我也想放下那些做不完的作业，好好在周末休息，不往返于各种提优班之间。从小学三年级起，妈妈就问我是否要去上英语提优班。我真的不想去，其实我的英语学习才刚刚开始，我可不想基础还未扎稳就拼命跑。但是，我“很高兴”地答应了，妈妈也很高兴地为我报了名。于是，我越来越多的时间花在上课和写作业之间。纵然心中很无奈，但我知道我没有拒绝的权利。与其被动接受，不如主动迎接，这样起码妈妈是开心的。

有时，我也想放下顾虑，轻轻松松地学习，无论成绩如何，不受其他人的过度关注。每次考试，我都会尽心尽力，我的成绩与名次受很多人的关注。我不敢有稍稍的懈怠，不敢让自己的成绩下滑。每次我考试成绩都很好，父母也很高兴，我看上去也很高兴，可只有我自己知道内心的苦涩。

可能这是很多学习成绩优异的孩子们的内心的声音，在荣誉的光环的照耀下，他们不得不变成父母、老师眼中的乖孩子，但他们内心的苦涩与害怕失败的心情，只有他们自己知道，也许，他们失去的是一个孩子真正的快乐。

诚然，现实生活中，我们不可能毫无限制地做真实的自我，毕竟，人们常说，做人不能太单纯，应该懂得适度伪装自己。同样，不懂做人“心机”的人不仅没有内涵，还没有成功的欲望，只能是明里吃亏、暗里受气、一辈子翻不了身。但为了让自己的心灵释压，让自己快乐，你不妨放下伪装，做回真实的自己，你会发现，原来，远离束缚的你也可以自由自在地生活。

所谓的困难，只是你内心虚设的障碍

生活中，不少人渴望得到成功，渴望开创自己的事业，但每每考虑到会有失败的可能，他们就退缩了。因为他们怕被扣上愚昧的帽子，受到别人取笑；他们不敢否认，因为害怕自己的判断失误；他们不敢向别人伸出援手，因为害怕一旦出了事情而被牵连；他们不敢暴露自己的感情，因为害怕自己被别人看穿；他们不敢爱，因为害怕要冒不被爱的风险；他们不敢尝试，因为害怕失败带来的打击；他们不敢希望什么，因为他们怕失望……以上种种可能会遇到的风险，让那些不自信的人畏首畏尾，举步维艰，他们茫然四顾，不知道自己的出路在何方，殊不知，人生中最大的冒险就是不冒险，畏首畏尾只会让自己的人生不断倒退。而很多时候，你的障碍只不过是心中的恐惧而已，克服了心中的恐惧，你会发现一切都将豁然开朗。

事实上，“勇敢”是我们必不可少的品质。要取得成功有很多必要条件，其中的一条非常重要，那就是勇气。然而，我们发现，现实生活中，有这样一些人，他们刚开始时都满怀理想，但在社会上打拼几年后，越发感到衣食住行等实际问题的重要性，于是，在获得了一个稳定的饭碗之后，往往就会在时间的消耗下失去进取的锐气，无奈地臣服于眼前的一切。

然而，不得不承认的是，作为一个平凡的人，我们也都害怕失败，渴望成功，于是，人们在执行自己的目标与想法前，他们也可能会产生各种顾虑，会迟疑不定，而实际上，正是因为迟疑，会导致你开始恐惧、左思右想，最终被恐惧扰乱心境而不敢执行。在任何一个领域里，不努力去行动的人，就不会获得成功。

西奥多·罗斯福原本也是自卑的人，他曾这样描述过自己：“有一次，我读到一本书，这本书中写了一个人怎样克服自己恐惧的方法——人们可以装作不害怕的样子，时间一长，假的就不知不觉变成真的了。我觉得很有道理，因为那时候我真的很害怕很多东西，后来我也就假装不害怕，时间长了，没想到我真的不怕了。我想，人们只要愿意，可能都会有这样的收获。”詹姆士对此也有同感，他说：“这样，英雄气概就会取懦夫之怯而代之。”

那么，如果你也想像他一样，想要克服畏惧、培养勇气，你可以这样做：

1. 积极的心理暗示

"让我再试一试"，你应该这样暗示自己，要试出好的结果，就要装出非常勇敢，无所畏惧的样子，而且全身心地表现出来。

2. 为自己树立榜样，鼓励自己

你可以通过学习英雄人物的事迹，用英雄人物勇敢顽强的精神激励自己的勇气。在平时的训练和生活中有意识地在艰苦的环境下磨炼自己，培养勇敢顽强的作风。这样，即使日后真正陷入危险情境，也不会马上就变得惊慌失措，而是沉着冷静，机智应对。

3. 积极加强心理训练，提高各项心理素质

比如：进行模拟训练危险情境，设置各种可能遇到的情况，进行有针对性的心理训练，形成对危险情境的预期心理准备状态，就能够有效地战胜紧张和不安等不良情绪，提高心理适应和平衡性，增强信心和勇气，以无畏的精神克服恐惧心理。

要成就自己，先要找准自己的位置

生活中，我们周围的每一个人都是一个单独的个体，人与人虽然没有优劣之分，但却有很大的不同。这世界上的路有

千万条，但最难找的就是适合自己走的那条路。每个人都应该尽力找到自己的最佳位置，找准属于自己的人生跑道。当你的事业受挫，不必灰心也不必丧气，相信坚强的信念定能点亮成功的灯盏。

事实上，我们不难发现，那些真正的成功者在成功前都曾有过一段自我摸索的时光，最终，他们找到了自己的目标，了解了自己的长处，在自己擅长的领域里实现了成功。

奥托·瓦拉赫是诺贝尔化学奖获得者，他的一生可谓富有传奇色彩。还在他读中学时，父母为他设计了一条文学之路，然而，似乎他并不适合这条路，在第一学期结束时，老师对他的学习进行了这样的总结："瓦拉赫很用功，但过分拘泥，这样的人即使有着完美的品德，也决不可能在文学上发挥出来。"

他的父母是民主的，也尊重孩子的想法，让他改学油画。可瓦拉赫既不善于构图，又不会润色，对艺术的理解力也不强，成绩在班上是倒数第一，学校的评语更是令人难以接受："你是绘画艺术方面的不可造就之才。"

面对如此"笨拙"的学生，绝大部分老师认为他已成才无望，只有化学老师认为他做事一丝不苟，具备做好化学实验应有的品格，建议他试学化学。

父母接受了化学老师的建议。结果，瓦拉赫智慧的火花一下被点着了。文学艺术的"不可造就之才"一下子变成了公认的化学方面的"前程远大的高才生"。在同级学生中，他遥遥领先……

可见，成功是多元的，并没有贵贱之分，适合自己的、自己擅长的就是最好的，成功的。瓦拉赫的成功，说明这样一个道理：人的智能发展都是不均衡的，都有强项和弱点，人一旦找到自己智能的最佳点，使智能潜力得到充分的发挥，便可取得惊人的成绩。这一现象人们常称为“瓦拉赫效应”。幸运之神就是那样垂青于忠于自己个性长处的人。

松下幸之助曾说，人生成功的诀窍在于经营自己的个性长处，经营长处能使自己的人生增值，否则必将使自己的人生贬值。他还说，一个卖牛奶卖得非常火爆的人就是成功，你没有资格看不起他，除非你能证明你卖得比他更好。

那么，我们该如何找到自己的人生之路呢？对此，尼采说：“我们需要搞清楚的问题是，你为什么要做这件事？为什么想成为那样的人？为什么要走那条路？这些问题也就是自己的‘为什么’，不了解这些问题，你也就找不到人生的答案。”

尼采的这句话是要告诉生活中的人们，无论你现在在做什么，都要善于思考，要思考现在所走的路是不是适合自己，而绝对不能跟在别人后面模仿别人，不能人云亦云，这样只会在错误的人生道路上越走越远。我们只有弄清楚自己到底想成为什么样的人，想做什么样的事，才能真正找到一条对的人生路。

事实上，任何一个成功者都是特立独行的，在追求成功的道路上，他们的周围也有各种不同的声音，但他们从不怀疑自己的动机，他们坚持自己的想法，最终，他们成功了。对于我们的人生也是如此，如果一味地走别人走过的老路、毫无创新的话，那么，你也只能复制别人的未来；而如果你寻找到属于自己的、正确的活法，那么，你的未来就是美好的。

而现实生活中，一些人在人生发展的道路上，却把命运交付在别人手上，或者人云亦云，盲目跟风，他们忽视了自己的内在潜力，看不到自身的强大力量，甚至不知道自己到底需要什么，不知道未来的路在哪里，于是，他们浑浑噩噩地度过每一天，一直在从事自己不擅长的工作和事业，以至于一直无所成就。事实上，来自上辈人以及大多数人习惯的定式规则，才是禁锢我们头脑的一大天敌。不论个人还是企业，一旦头脑被禁锢，他的发展就一定受到限制。我们只有善于思考，打破这种定式，才能找到属于自己的路。

生活中的人们，如果你还在走别人的老路，还在感叹自己的碌碌无为，那么，要改变现状，你首先就要懂得反省，及时悬崖勒马。你有必要认真检查一下：你是不是在走别人的老路？你是不是应该重新思考自己的人生了？

欲望是魔鬼，别让他控制你

人们常说："欲壑难填"，的确，人们对物质、富贵荣耀、名利的追求，更是无穷无尽，而这，很可能会让我们迷失自己。保持一颗平常心，拿捏好尺寸，才能得之淡然、失之坦然，才能合理地节制自己的欲望！

《论语别裁》中说："有求皆苦，无欲则刚"。其实，欲是人的一种生理本能，每一个人都有形形色色的"欲"，有的时候，合理的欲望是人们生存的原动力。不过，凡事都不可过度。假如对欲望不加以合理的控制，人们就会有越来越多的贪念，最终导致欲壑难填。在生活中，越来越多的贪欲者被物欲、财欲、权欲等迷住心窍，攫求无度，终至纵欲成灾。然而，一个人活着就无法摆脱各种各样的欲望，只要有欲望，就会有所求，而有所求又必然导致人们与痛苦纠缠。

人不能改变过去，也不能控制将来，人能控制改变的只是此时此刻的心念、语言和行为。过去和未来的东西都虚无缥缈，只有当下此刻才是真实的。因此，一个人的生命不管能否长久，生命过程应该是丰富多彩的，无论人的生命长久与短暂，人生的道路应该是宽阔有风景的，享受过程应该是愉快幸福的。

一个已经退休的富翁在海边买了一套房子，以安享晚年，这天晚饭后，他在海边散步，看见一个衣衫褴褛的渔翁也躺在附近悠闲地晒太阳，便好奇地问道：“你为什么不打鱼呢？”

“为什么要打鱼呢？”渔夫反问道。

“挣钱买大渔船啊！”

“再以后呢？”

“买了渔船就可以打很多的鱼，然后你就有钱了。”

“有钱了又能怎么样呢？”

“你就不用打鱼了，可以幸福自在地晒太阳啦！”

“我不正在晒太阳吗？”富翁哑口无言。

是啊，有时候我们苦苦追求的所谓的幸福与快乐，其实就在眼前，那又为什么不知足呢？我们中的很多人，也许经过多年的打拼和艰苦的奋斗，也会有所成就，难道一生就如此忙碌地拼搏到走进坟墓吗？其实，享受真正的人生之旅比直到旅程结束时还没有感受到快乐重要得多。

然而，现代社会中的人们，面对欲望，拿起来容易，舍下却难。生活在商品经济的大潮里，每个人都要面对物欲横流的红尘世界的诱惑，那些纷纷扰扰的现实，时刻都在迷惑着眼球，追求欲望加快了人们前进的脚步，总觉得不远处的鲜花和掌声正在向我们招手。其实，舍弃这些无止境的欲望也并非难事，只要我们学会关注眼前的幸福，体会人生，去欣赏生活中点滴的美好，我们的心境自然会豁然开朗。可见，有时，我们要懂得享受过程，真正让我们得到满足的也是过程，正如人的一生，最美的不是结果，而是人生在世的过程。

其实，陷入诱惑的泥潭，源于内心的欲望。欲望就像毒品，是会上瘾的，当你一次满足了之后，就会不断地想要满足更多的欲望，那根本就是一个无法填满的无底洞，于是，你越来越难以抵御外面世界的诱惑。最后，人被欲望所控制着，甚至成为了欲望的奴隶，并最终被那些诱惑所吞噬。所以，我们应该记住：想成大事，必先克制内心的欲望，学会抵御外面世界的种种诱惑。

其实，要想控制自己对名利的欲望，我们就需要修炼自己的心境，使自己淡泊从容。但是，淡泊是一种很高的人生境界，淡泊是一种品质、一种德行、一种修养，值得你用自己的一生去追寻。当然，所谓的淡泊并不是指无欲无求。众所周知，人生就是由一个个欲望组成的，合理的欲望是人生的原动力。所以，淡泊指的是正确地取舍，属于我的，当仁不让，不属于我的，千金难动我心，这才是真正的淡泊。

我们都是平凡的人，不可能做到无所追求，但生命只有一次，而且时间是有限的，人生在世只有短短的几十年而已。所以，每个人都应该珍惜自己的生命，在有限的时间里不要让自己太疲惫，要让自己过得快乐一点。人活一世为了什么？就是为了快乐，快乐是人生最大的财富。

总之，生命的过程不可能重新来过，因此，我们必须珍惜这仅有一次的生命。面对欲望，我们必须要学会自控，充实自己的内心，坚守自己的心灵，以清醒理智的态度步履从容地走过人生的岁月。只有这样，我们的生活才会更加轻松自在，我们的人生才会丰富多彩！

超越自卑，找到自己的价值

心理学家认为：一个人如果自惭形秽，那他就不会成为一个伟人；如果他不相信自己的能力，那他就永远不会是事业上的成功者。因为在实现人生梦想和目标的过程中，唯有自信面对，才有可能攻克各种困难，突破逆境，获得成功，自卑恰恰是我们奋进的绊脚石，从这个意义上说，如果你是个自卑的人，那么，你有必要割除自卑意识这颗毒瘤。

自卑形成的原因有很多，比如，我们的外貌或身体缺陷、家庭环境的不足或某方面的能力欠缺等，但总的来说，这些负面的想法都会堆积在我们的潜意识中，而潜意识拥有无穷的力量，并且不被你察觉。所以，自卑意识的产生并非一日之寒，需要我们逐步更正，逐步建立自信。

因此，自卑感并不是变态的象征，而是个人在追求优越地位时一种正常的发展过程。但如果能以自卑感为前提，寻求卓越，那么，我们是能实现自我超越和获得成就的。我们每个人要想获得快乐和成功，第一步要做的就是忘记自身某方面不足带来的自卑感。

1929年下半年的某一天，美国青年奥斯卡在中南部的俄克拉荷马州首府俄克拉荷马城的火车站上等候火车往东边去。他在气温高达43摄氏度的西部沙漠地区已经待了好几个月，他正在为一个东方的公司勘探石油。奥斯卡毕业于麻省理工学院。据说他已把旧式探矿杖、电流计、磁力计、示波器、电子管和其他仪器结合成勘探石油的新式仪器。而当奥斯卡得知，他所在的公司因无力偿付债务而破产的时候，他踏上了归途。失业后的奥斯卡前景相当暗淡，消极的心态开始极大地影响了他。由于他必须在火车站等待几小时，他就决定在那儿架起他的探矿仪器用以消磨时间。仪器上的读数表明车站地下蕴藏有石油。但奥斯卡不相信这一切，他在盛怒中踢毁了那些仪器。“这里不可能有那么多石油！这里不可能有那么多石油！”他愤怒地反复叫着。

奥斯卡由于失业的挫折，深受消极心态的影响。他一直寻找的机会就躺在他的脚下，但是他不肯承认它，他对自己的创造力失去了信心。那天，奥斯卡在俄克拉荷马城火车站登上火车前，把他用以勘探石油的新式仪器毁弃了，他也丢掉了一个全美最富饶的石油矿藏地。

不久之后，人们就发现俄克拉荷马城地下埋有石油，甚至可以毫不夸张地说，这座城就浮在石油上。

对自己充满信心，是成功的重要原则之一。检验你的信心如何，要看在你最需要的时候是否应用了它。奥斯卡由于心中没有足够的自信，所以他就发现不了近在咫尺的矿藏。

心理专家指出，人们的自卑感很多时候是消极暗示的产物，也就是说，反过来，我们多给自己积极的暗示，是可以提高自信心的。

自卑不仅仅是一种情绪，也是一种长期存在的心理状态。有自卑心理的人，在行走于世的过程中，他们的心理包袱会越来越重，直至压得人喘不过气。它会让人心情低沉，郁郁寡欢。因为不能正确看待自己、评价自己，他们常害怕别人看不起自己而不愿与人交往，也不愿参与竞争，只想远离人群，他们缺少朋友，甚至自疚、自责、自罪；他们做事缺乏信心，没有自信，优柔寡断，毫无竞争意识，享受不到成功的喜悦和欢乐，因而感到疲惫、心灰意冷。

因此，要消除自卑感，首先就需要我们看到自己的独特之处。每个人都是完全不同的个体，没有任何人是一无是处的，自信是一种认知的开始，因为透过自我观照，才能了解自己的专长、能力和才华，这样，你的自信便会不断储备，自卑也就无处遁形。

曾有这样一个小故事：有一个女孩名叫芳，长相平平，在美女如云的班级里，她只是一棵不起眼的小草。成绩平平，无法让视分数如宝的老师青睐。除了会写几首浪漫小诗给自己看外，没有其他特别突出的技能，不会唱歌，也不会跳舞。芳心里很寂寞，她没有男孩追，也没有同学和她做朋友。

有一天清晨，她拉开门，惊讶地发现门口摆着一束娇艳欲滴的红玫瑰，旁边还有一张小小的卡片。她迅速地将花和卡片拿到自己的房间，轻轻地打开卡片。上面有几行字，是这样写的：

其实一直以来我都想对你说一声：我喜欢你。但却没有勇气，因为你的一切让我深感自卑。你那平静如水的眼神，你优美的文笔，你高雅的气质，让我很难忘记。所以，我只能默默地看着你。——一个喜欢你的男生

芳的心怦怦直跳，没想到自己还有那么多的优点，自己原来并不是一个毫不起眼的人啊。从那以后，芳开始主动和同学交谈，成绩也渐渐上升，慢慢地，老师和同学都很喜欢她。高中毕业以后，她考上了大学，凭着那份自信，她在学校中尽情发挥自己的才能，赢得许多男生的追求。最后，大学毕业后找了一份很满意的工作，并且找了一个深爱她的丈夫。

芳一直有一个心愿，就是找出那个给她送花的人，想感谢他让她重新找回了自信，要不是那朵花，现在或许一切都是希望和等待。有一天，无意间，她听到了爸妈的谈话。她妈妈说："当年你想的招儿还真有用，一束玫瑰花就改变了她的生活。"

芳不禁愕然，怪不得那字体看起来像被人故意改过的，但一束玫瑰花的作用真那么大吗？不，是自信转变了芳的生活。

如果一个人在社会生活中，把自己看作低人一等，没有价值，那么他就会产生自卑感，做事缺乏胜任的信心，没有主动性和积极性，其结果是无论做什么事情都难以保证质量。

第 07 章

有压力就有动力，压力能催生出优秀品质

生活中，我们每个人都承受着来自各方面的压力，一些人常抱怨压力太大，压得自己喘不过气来。其实，有压力，才有动力，压力带给我们的不仅仅是痛苦和沉重，还能激发我们的潜能和内在激情。因此，生活中的人们，从现在起，抛却那些无谓的抱怨吧，并努力提高自己，战胜困难，才能收获成功的果实。

即使面对不行，也不要说“不行”

从古至今，但凡成功者，无不具备一项品质，那就是拥有不被打倒的意志力。他们总是满怀希望，因此，即使跌倒了，他们还是会爬起来，跌倒一百次，他们会爬起来一百次，终有一天，他们会取得胜利的果实。的确，每件事物在开始时只不过是一个想法。“不可能”背后隐藏的巨大成功，只青睐那些充满激情、意志坚定的人。失误、失败并不可怕，关键在于如何从失败中奋起，反败为胜。只要你坚持下去，不可能也会变为可能。

所以，我们每个人都应该记住，可以不幸，不可以不行，任何时候都不要放弃自己的志向和希望，哪怕处于人生的绝境中，只要你抱有希望，就能绝处逢生。

世界上没有任何事情是不可能的，如果你有成就事业的强烈愿望，你已经成功了一半，剩下的就是用你的心去实现它了。

她天生就是个与众不同的女孩子，因为她患有小儿麻痹症，这让她连行走都异于常人，一些基本的行走动作，她也无法完成。

身体上的缺陷，一度让她陷入了深深的自卑之中，尽管医生也曾鼓励她，只要她能配合治疗，是有可能恢复健康的，但她完全没有办法听进去。

时间过得很快，她在慢慢长大，但和她的年龄一样，自卑在她的心底也扎下了根，她甚至不愿意接触周围的人。但也有个例外的情况，她和她的邻居——一个老人的关系很好，这个老人在战争中失去了一只胳膊，但却一直很乐观，也常常向她讲一些故事。

这天，老人用一只胳膊推着她去附近的幼儿园散步，他们被孩子优美而充满童真的歌声打动了。歌曲唱完时，老人说：“多么优美的歌声，我们为他们鼓掌吧！”

听完老人的话，她很吃惊地说：“我的胳膊动不了，而你只有一只胳膊，怎么鼓掌啊？”

老人对她笑了笑，然后用仅有的一只手解开了纽扣，露出胸膛，用手掌拍起了胸膛……

她愣住了，但却顿悟了一些道理。晚上的时候，她请求父亲帮忙，写下了这样一行字贴在墙上：“一只巴掌也能拍响。”

她被鼓舞了，从那之后，她开始配合医生做复健。这是一个艰苦的过程，但她一直咬牙坚持着，终于，所有的努力开始出现了成效，她有了一点进步。她继续努力着，有时候，在她的父母不在时，她干脆扔掉支架，试着自己走路。

蜕变是痛苦的，但是一直有一个信念支撑她：一定要和别的孩子一样在草地上走着、跑着……在她11岁时，她终于扔掉支架，她认为自己有更大的潜能，她开始锻炼打篮球和参加田径运动。

1960年，她参加了罗马奥运会女子100米跑决赛，她获得了11秒18的出色成绩，在她冲向终点的那一刹那，人们都纷纷站起来为她喝彩，此刻这个美国黑人的名字震颤了所有人：威尔玛·鲁道夫。从此，威尔玛·鲁道夫被人们称为当时世界上跑得最快的女人，她共摘取了3枚金牌，也是第一个黑人奥运女子百米冠军。

威尔玛·鲁道夫的故事告诉所有人，任何时候都不要放弃希望，哪怕只剩下一只胳膊，也可以为生命喝彩。任何时候都不要放弃梦想，要说成功有什么秘诀的话，那就是坚持，坚持，再坚持！当我们面临考验之际，往往会一直以为是已经到了绝境，但此时，不妨静下心来想一想，难道真的没有机会了吗？当然不，只要你满怀希望，你会发现，你所经受的只是一个考验，考验过去就是光明，就是成功。

在许多时候，成功者与平庸者的区别，不在于才能的高低，而在于有没有勇气。有足够勇气的人可以过关斩将，勇往直前，平庸者则只能畏首畏尾，知难而退。爱默生说："除自己以外，没有人能哄骗你离开最后的成功。"柯瑞斯也说过：

“命运只帮助勇敢的人。”

当然，要想摆脱困境，还需要你做好计划，加以实施。拿破仑曾经说过：“想得好是聪明，计划得好更聪明，做得好是最聪明又最好！”任何伟大的目标、伟大的计划，最终必然需要落实到行动上，成功开始于明确的目标，成功开始于心态，但这只相当于给你的赛车加满了油。弄清了前进的方向和路线，要抵达目的地，还得把车开动起来，并保持足够的动力。

不管你决定做什么，不管你为自己的人生设定了多少目标，决定你成功的永远是你自己的行动。只有行动能赋予生命以力量，只有你的行动，能决定你的价值。

扛得住今天的不如意，才能换来明天的如意

世事难料，因为任何事情都有一个变化发展的过程，此刻你不如意并不代表你一生不幸，人生充满得失，此时你满面春风并不代表你一生顺利，虽然我们不能掌握变化无常的事态，但我们可以掌控自己的心态。并且，从追求人生目标的角度来看，成功绝不是偶然的，成功者都经受住了来自各方面的压力和不如意，他们更善于在不如意中积累实力，在不如意中寻求机遇，所以最后他们能一举成功。

20世纪80年代，美国有一家著名的机械制造公司叫维斯

卡亚公司，这家公司生产的产品远销全世界，因此，它实力雄厚，并代表着当今重型机械制造业的最高水平。大公司门槛高这句话是有道理的，很多毕业生都想到这家公司求职，但都被无情地拒绝，因为该公司的高技术人员爆满，不再需要各种高技术人才，但丰厚的待遇和令人羡慕的社会地位还是让很多人削尖了脑袋前来求职。

这群求职者里有个叫史蒂芬的人，他是哈佛大学机械制造业的高才生。和许多人的命运一样，在该公司每年一次的用人测试会上被拒绝。史蒂芬并没有死心，他发誓一定要进入维斯卡亚重型机械制造公司。于是，他决定先“混”进这家公司再说。他先找到公司人事部负责人，提出可以无偿为这家公司提供劳动力，只要能让他在这家公司，哪怕不计报酬，并能完成公司安排给他的任何工作。这位负责人，起初觉得这简直不可思议，但考虑到不用任何花费，在利益的引诱下，这位负责人便答应了，并安排他去车间扫废铁屑。

这份工作是没有报酬的，史蒂芬还得养活自己，于是，一年的时间，他白天在这家公司勤勤恳恳地工作，晚上还得去酒吧打工。

令史蒂芬失望的是，虽然他得到了所有同事和负责人的认同和好感，但公司却并没有提及正式录用他的事。但机会很快来了。那是20世纪90年代初，公司的许多订单纷纷被退回，理由均是产品质量问题，为此公司蒙受了巨大的损失。公司董事会为了挽救颓势，紧急召开会议商议对策。当会议进行很长时间却未见眉目时，史蒂芬果断地闯入会议室，提出要见总经理。

在会上，史蒂芬慷慨陈词，对公司出现这一问题的原因作了令人信服的解释，并且就工程技术上的问题提出了自己的看法，随后拿出了自己对产品的改造设计图。这个设计非常先进，恰到好处地保留了原来机械的优点，同时克服了已出现的弊病。总经理及董事会的董事见到这个编外清洁工如此精明在行，便询问了他的背景以及现状，而后，史蒂芬被聘为公司负责生产技术问题的副总经理。

原来，史蒂芬这是退而求其次的一种办法，当他被拒绝后，他想方设法留在这家公司，是为了更彻底地了解这家公司。于是，他在做清扫工时，利用清扫工到处走动的工作特性，细心察看了整个公司各部门的生产情况，并一一作了详细记录，发现了所存在的技术性问题并想出了解决的办法。为此，他花了近一年的时间搞设计，获得了大量的统计数据，为会上的出色表现奠定基础。

史蒂芬为什么能一举成功，让公司高层领导对其能力加以肯定并由一名微不足道的清洁工成功晋升为技术问题副总经理，原因很简单，他懂得厚积薄发，伺机而动，因为他做足了充分的准备工作，在该公司最需要自己的时候及时出现，以自己过硬的专业知识帮其解决了这项技术问题。我们设想一下，假如他空有为公司担当的勇气而没有一个完备的表现自己的计划，没有过硬的实力，恐怕这种表现只会适得其反。

几乎每一个人都渴望成功的降临，但事实上很少有人能预期获得成功。其中重要的原因是他们在压力和不如意的状态下选择了放弃，而成功者选择了等待、坚持和充实自我实力，最终他们成功了。

成功需要来自多方面的因素，除了自身的条件之外，最重要的就是要有坚韧的意志力，要知道，成功绝对不是可以信手拈来的产物。

总之，人生之路，不会总是阳光灿烂；不会总是枝繁叶茂；不会总是掌声不断，也会有阻挡在前的高山和荒凉的沙漠；也会有阴天时的迷雾重重；也会有他人的冷落；任谁也无法轻松地跨越。但只有经受住平淡的坚守、不如意的考验，才能实现人生的价值，才有一飞冲天的气势。

与其埋怨环境，不如多改变自己

生活中，我们常常听到一些人抱怨“哎！每天都在重复这些工作，真是浪费生命！”“为什么每次都让我去处理这些事！”“什么时候才能给我涨点工资呢？”……他们对工作似乎一点也不满意，而实际上，你在抱怨不满时，应该适当地反省。为什么自己会有这样那样的不满？是不是因为自己做得不够好？从这些方面来说，其实抱怨也可以作为一个加速器，加速自己的成功。只要你能够通过抱怨看到自己的缺点，你就会进步。

事实上，聪明人懂得通过抱怨来反省自己，接纳生活，让生活变得更美好。抱怨自己的人，看到自己的缺点，一定会更加努力。

同样，当你因为抱怨环境太糟糕而一味地拖延的时候，为何不选择通过立即行动来改变自己呢？为何抱怨工作环境不好、薪水不高、老板不够和蔼呢？为何不反思自己是否做的已经到位、是否有着高效的执行力呢？

我们先来看下面一个故事：

在美国的一所小学里，有这样一个班级，这个班级的学生比较特别，他们一共有26个人，都是“失足”的孩子，他们有的进过少管所，有的吸过毒，总是让老师和家长失望透顶。

在这个班级成立后，一位叫菲拉的女老师接手了。在她给学生们上的第一节课上，她并没有如人们想象的那样整顿班级纪律，而是在黑板上给孩子们出了一道选择题。让孩子们根据自己的判断选出一位在后来能够造福于人类的人。她列出3个候选人：

A. 笃信巫医，有多年的吸烟史，嗜酒如命，还有两个情妇的人；

B. 有正经工作，但却不珍惜，每天睡到中午才起床，钟爱酒精，每天都要喝一斤多的酒，还吸食过鸦片的人；

C. 曾有过辉煌的历史，是国家的战斗英雄，不吸烟喝酒、坚持食素，从不违法的人。

结果大家都选择C。

菲拉公布答案，A是富兰克林·罗斯福，连续担任过四届美国总统；B是温斯顿·邱吉尔，英国历史上最著名的首相；C是阿道夫·希特勒，法西斯恶魔。

孩子们看呆了，不明白为什么结果会是这样，接下来，菲拉老师满怀激情地告诉大家：

“孩子们，一个人，无论他的过去是荣誉还是耻辱也好，那只能代表过去，最重要的是他的现在和将来，只要你从现在开始决定做你想成为的人并为之努力，你就能成为一个了不起的人。”

菲拉的这番话，改变了这26个孩子一生的命运。其中，就有今天华尔街最年轻的基金经理人——罗伯特·哈里森！

的确，菲拉老师的话是正确的，过去的生活，不管如何辉煌和暗淡，都随着时光如流水般逝去。要知道，羁绊于过去，是很难洒脱地走向美好明天的。一个人，只有学会放下对环境的坏情绪，适应环境，才能有意识地改变自己，最终改变命运。

在现代企业里，总是有一些人对待工作抱有消极倦怠的态度，对待工作内容总是能拖就拖，要问到为何不积极工作，他会反驳："底层员工，就这么点薪水，没热情努力工作。"那么，既然如此，为何不努力工作，成为你羡慕的高层管理者？再比如，一些人抱怨自己经济能力差所以生活窘迫，那么为何不努力改善经济状况？其实，归根结底我们还是要记住一句话：你改变不了环境，但你可以改变自己；你改变不了事实，但你可以改变态度。

王明是一位留美的计算机博士，毕业之后，他打算在美国找工作。拿着自己的各个证书，以及一些在学校所获得的奖章，四处奔波。可是，两三个月过去了，他还是没有找到合适的工作，因为他所选择的公司几乎都没有录用他，而那些愿意录用他的公司却又是自己瞧不上的。他没有想到，自己堂堂一个博士生，居然沦落到高不成低不就的尴尬处境。思前想后，他决定收起自己所有的证书与奖章，以一种最低的身份前去求职。

没过多久，他就被一家公司录用为程序输入员，这份工作相当简单，对一个博士生来说简直就是大材小用。但王明并没有抱怨什么，即使是最简单的工作，他依然干得一丝不苟。这样干了一个多月，上司发现他能迅速看出程序中的错误，这可是非一般的程序输入员能比的，这时候，王明向上司亮出了学士证，上司知道了他的能力，马上给他换了一个与大学毕业生相当的职务。又过了一个月，上司发现他经常能够提出一些独到的有价值的见解，远远比一般大学生要高明。这个时候，王明又亮出了硕士证，上司又立即提升了他的职位。再过一个月，上司觉得他还是跟别人不一样，就开始有意识地质询他，这时候，王明才拿出了自己的博士证，上司对他的能力有了全面的认识，毫不犹豫地重用了他。

当王明陷入了找工作的困境，他收起了自己的所有证书，以一个最普通的人去应聘，并获得了一份工作。我们可以想象，一个有着博士学历的人，做一份程序输入员的工作，那该是多么的隐忍。但王明忍耐了下来，他在等待机会，终于，老板开始发现他深藏不露的能力，渐渐地重用他，最终他获得了自己应有的位置，发挥了自己应有的价值。

总之，任何不满意现在状态的人都必须要懂得：多改变自己，少埋怨环境。正如一句名言所说的“如果你认为你处在恶劣的环境中，那么请好好地修炼，练好内功，等待爆发的日子。”

哪怕一无所有，也不能停下前进的脚步

我们都知道，一个人能否做成、做好一件事，首先看他是否有一个好的心态，以及是否能认真、持续地坚持下去。信心大、心态好，办法才多。所以，信心多一分，成功多十分，投

入才能收获，付出才能杰出。当然，成功卓越的人只有少数，失败平庸的人却很多。成功的人在遭受挫折和危机的时候，仍然是顽强、乐观和充满自信，而失败者往往是退却，甚至是甘于退却。我们应该学会自信，成功的程度取决于信念的坚定程度。

有时候，你可能自信心不够，可能一件事情还没做，便去考虑失败后的结果，这样必然会导致内在潜能得不到充分的调动与发挥。要避免与摆脱这种心理上的失衡，就必须时时表现出一种强者的风范，敢于面对困难与挫折，并始终怀着必胜的信念去克服、战胜困难，坚定不移地朝着成功的目标迈进。因而有意识地培养自己的“强者”意识，可以说，这是渡过心理危机的良方。

1909年2月12日，也就是林肯诞辰一百周年的日子，洛克菲勒给他的儿子小约翰写了一封信，其中，他讲述了林肯的故事：

他出生时很卑微，是一个私生子，并且相貌丑陋，言谈举止都不招人喜欢。这些缺点都让敏感的林肯感到很自卑，最终，他决定靠自己的力量改掉这些缺点，于是，他拼命自修以克服早期的知识贫乏和孤陋寡闻。他学会了借助烛光、水光读书，尽管他的视力大不如前，但头脑的越发丰富让他开始充满了自信，他最终摆脱了自卑，并成为有杰出贡献的美国总统。

正如洛克菲勒所说：“除非你放弃，否则你就不会被打垮。”每个人都有历尽沧桑和饱受无情打击的时候，却很少有人能像林肯那样百折不回。每次竞选失败过后，林肯都会激励自己：“这不过是滑了一跤而已，并不是死了爬不起来了。”这些语言是克服困难的力量，更是林肯终于享有盛名的利器。林肯的一生书写了一个伟大的真理：除非你放弃，否则你就不会被打垮。

可见，我们只有自己摒弃自卑，才会成为强者。生活中的人们，我们也一定要记住：哪怕一无所有，也要永不止步，世界上没有一样东西可取代毅力，才干也不可以。怀才不遇者比比皆是，一事无成的天才很普遍。世上充满了学无所用的人，只有毅力和决心无往不利。

几年前，在马特峰的北峰下，有一个世界探险队，他们准备征服马特峰，在这之前，从未有人达到这一目标。登峰之前，记者对来自世界各地的探险者进行了采访。

一位记者问其中的一名探险者：“你打算登上马特峰的北峰吗？”

他回答说：“我将尽力而为。”

记者问另一名探险者：“你打算登上马特峰的北峰吗？”

这名探险者答道：“我会全力以赴。”

记者问了第三个探险者同样的问题。

他说：“我将竭尽全力。”

最后，记者问一位青年：“你打算登上马特峰的北峰吗？”

这个年轻人坚定地告诉记者："我将要登上马特峰的北峰。"

最后，登上北峰的人只有一个，就是那个说"我将要"的青年。他想象自己到达了北峰，结果他的确做到了。

的确，信念上超前一些，行动就会领先一步，成功的概率也就越大一些。成功的秘诀就是，当你渴望成功的欲望就像你需要空气的愿望那样强烈的时候，你就会成功。

美国钢铁大王卡内基，少年时代从英格兰移民到美国，当时真是穷透了，正是"我一定要成为大富豪！"这样的信念，使得他于19世纪末在钢铁行业大显身手，而后涉足铁路、石油，成为商界巨富。洛克菲勒·摩根也都是满怀欲望，并以欲望为原动力，成为资本主义初期美国经济的胜利者。

威尔逊也有句名言："要有自信，然后全力以赴！假如具有这种观念，任何事情十之八九都能成功。"的确，在现代社会，任何一个人，要想成就一番大业，只凭单枪匹马的拼杀是不够的，它更需要众多人的支持和合作，这样，自信就显得尤为关键。一个人只有首先相信自己，才能说服别人来相信你，如果连自己都不相信自己，那么这意味着你已失去在这个世界上最可依靠的力量。

我们追求成功的过程就像攀登高峰，在攀登的过程中，我们难免会感到疲倦，难免想放弃，但是，你始终要记住的是，再坚持一秒，你才有可能看到山顶的美景。总之，每一个人的内在都有无限的潜能，只要我们知道它在哪里，并坚信自己能够成功的信念，最终，我们就一定会成为一名成功人士。

每一个成功者都有一段寂寞与枯燥的时光

在人生的道路上，我们常常会遭受不同的挫折与困难，面对挫折，人们有着不同的理解，有人说挫折是人生道路上的绊脚石，有人却说挫折是成功的垫脚石，所谓“百糖尝尽方谈甜，百盐尝尽才懂咸”。与河流一样，人生也需要经历了洗练才会更美丽，经过了枯燥与痛苦之后，才能收获成功的果实。

在哈佛有一句名言：“请享受无法回避的痛苦，比别人更早更勤奋地努力，才能尝到成功的滋味。”自古以来的许多卓有成就的人，大多是抱着不屈不挠的精神，忍耐枯燥与痛苦之后，从逆境中奋斗挣扎过来的。

有本书上曾经这样说：“能够忍受孤独的，是低段位选手；能够享受孤独的，才是高段位选手”。诚哉斯言！不同的人生态度，成就了不同的人生高度。忍耐正是一种崇高的人生境界，“百忍歌”中有这样的句子“忍得淡泊养精神，忍得勤劳可余积，忍得语言免是非，忍得争斗消仇冤”。忍耐不是软弱，反而是一种大度。忍耐也并不是妥协，而是一种胜利。在生活中，学会审视一下自己，我们根本没有理由对周围的一切都那么苛刻，要学会忍耐，这样会让生活变得更加轻松。

因此，我们可以说，忍耐枯燥与痛苦是成功的必经之路。人生不可能是一帆风顺的，总是会有这样或那样的挫折与困难，在这个过程中，就需要我们去忍耐这个战胜挫折过程中的枯燥与痛苦，甚至是失败。这一切都需要忍耐，如果没有坚强的意志力，就难以忍受，最后就不能获得成功。如果你想赢得成功，就不得不忍耐这路程中的枯燥与痛苦，失败与辛酸，在忍耐之后继续奋斗，这样你才有力气走到最后，才能走向通往成功的路途。

经常自我反省，监督自己的言行

每个人自打出生起都在不断认识世界、接受外在世界赠予我们的一切，我们学会了很多，包括科学文化知识、审美、与人相处等，但这个过程都是被动的，我们很少真正地反省自己以获得进步。

同样，每个渴望成功的人，自身也存在一些不足，你若能及时发现自己的问题，扬长避短，并加以改进便能更好地进步。自省才能不断磨砺心智。的确，很多人士的成功，首先得益于他们充分了解自己的长处，知道自己的短处，然后根据自己的特长来进行定位或重新定位。

日本推销之神原一平说：“赤裸裸地注视自己，毫无保留地彻底反省，然后才能认识自己。”我们在为自己定位前，除了要发现自己的优势，还要看到不足，只有综合发展，才能不断提高自己。生活中，想必你应该有这样的体会：

倘若有一个木桶，沿口不齐，那么，这个木桶盛水的多少，不在于木桶上最长的那块木板，而在于最短的那块木板。而要想提高水桶的整体容量，不是去加长最长的那块木板，而是要下功夫依次补齐最短的木板。此外，一只木桶能够装多少水，不仅取决于每一块木板的长度，还取决于木板间的结合是否紧密。如果木板间存在缝隙，或者缝隙很大，同样无法装满水，甚至一滴水都没有。这就是著名的木桶定律。

这是个简单得不能再简单的自然界现象，然而往往越简单的道理总会饱含更深层的道理。同样，任何一个人的身上，总是有缺点，这些缺点正如这个木桶上的短板。而作为人们自身，在察觉到这一问题后，若听之任之，那么，你的成长就会受到影响，综合能力不但得不到提升，反而会每况愈下。

而事实情况是，日常生活中，我们既不可能每时每刻去反省自己，也不可能站在一定的高度、以局外人的身份来观察自己，于是，我们只能以外界信息和他人的眼光来认识自己，于是，你的思维很容易受到外界信息的暗示，接下来，你很可能会迷失。

我们先来看看富兰克林的故事：

富兰克林并不是出身官宦之家，相反，他小的时候，家境很穷。他也只在学校读了一年书后就不得不出去工作，但童年的艰辛并没有磨灭他的理想和意志，反而激励他更加努力。最终，他成功了，他成为美国人心中杰出的政治家和外交家。其实，富兰克林并不是天才。那么，除了刻苦勤奋外，他是不是还有什么成功的秘诀呢？事实上，在富兰克林的身上，有一种非常重要的品质，那就是经常独处、反省自己。正是这种品质，促使他不断地发现自己的缺点，不断改进，成为一个拥有很多美德的人，最终走向成功。

每天晚上，富兰克林都会问自己："我今天做了什么有意义的事情？"

他检讨自己的缺点，发现自己有13种严重的缺点，而其中最为严重的是，喜欢与人争论、浪费时间、总被小事扰乱心绪，他通过深刻的自我检讨认识到：如果要成功，就一定要下决心改造自己。

于是，他设计了一个表格。表格的一边写下自己所有的缺点，另一边则写上那些美好的品质，比如俭朴、勤奋、清洁、谦虚等。他每天检查，反省自己的得与失，立志改掉缺点，养成那些美德。这样持续了几年，他终于成功了。

从这个故事中，我们也不难发现，让自己安静下来，学会在寂寞中反省，是提升自己的最好方法，它还能让我们看清自己，看到自己的不足，甚至找到人生的目标。

生活中的你们，也应该安静下来问自己，你到底是在不断提升自己，还是只顾面子，不肯跟自己“摊牌”呢？或许有正直不阿的指导者，曾经指出你身上存在的问题或闪光点，但可能你根本不愿意承认这点，因为你不愿意让他人看透自己。

所以，一切注重灵魂生活的人对于卢梭的这句话都会有同感：“我独处时从来不感到厌烦，闲聊才是我一辈子忍受不了的事情。”这种对于独处的爱好与一个人的性格完全无关，爱好独处的人同样可能是一个性格活泼、喜欢交朋友的人，只是无论他怎么乐于与别人交往，独处始终是他生活中的必需。

总之，我们只有学会倾听自己内心真实的声音，才可能不断挖掘出自身发展过程中不足的部分。面对激烈的竞争，面对瞬息万变的环境，那些不愿意反省自己或者不愿意及时改正错误的人，必将面临失败的结局。同时，在快节奏的信息社会中，一个人如果不能及时察觉自身的缺点，不能用最快的速度修正自己的发展方向，也必然会在学业和事业中落伍，被无情的竞争所淘汰。

第 08 章

你可以有负面情绪，但也要学会管控

我们任何人，穷尽一生，大概都在追求快乐，然而，没有人生来就是快乐的，也没有人永远是快乐的，我们的心情会因为周遭发生的事而受到影响，进而产生情绪，负面情绪谁都无法避免，但一个人，只有善于管理情绪，才能掌控自己的人生。心理学家称，我们的潜意识决定了我们的行为、心态和语言等，而我们是可以决定自己的潜意识的，关键就是要控制你的思想。所以，你在想什么，要变成一个怎样的人，都是由你的思想决定的，我们每个人，都要学会情绪调节，选择积极的思维方式，才会带来好心情，才会获得快乐。

你的烦恼，其实是自寻烦恼

有人说，世界上最难得到和最容易得到的东西，都是快乐。快乐不需要理由，不快乐却有无数借口。快乐是一种能力，也一种智慧，快乐的人最聪明。然而，生活中，我们每个人都会遇到一些烦恼，我们常常被这些烦恼困扰着，而事实上，这些烦恼都是我们自找的。一个浮躁的人才乐于给自己找麻烦，你可以追寻美好的生活，可以追寻甜蜜的爱情，但你绝不可以自寻烦恼。

可以说，一个高情商的人总是能淡化烦恼、寻找快乐，他们豪爽，爱交际，朋友多；他们兴趣广泛，不会无所事事；他们爱运动，因为运动是快乐的添加剂；他们生性乐观豁达，积极进取，却知足常乐；他们抗挫折能力强，他们总认为困难是暂时的，相信乌云遮不住太阳……

每个人都有七情六欲，烦恼是避免不了的。但不同的人对待烦恼的态度却是不同的。比如，积极乐观者，一般很少自找烦恼，而且善于淡化烦恼，善于从烦恼中发现快乐之事，而悲观失望者却总是喜欢无病呻吟，一旦有了烦恼，就忧愁万千，牵肠挂肚，离不开，扔不掉，活得有些窝囊。

可见，大多时候，人的烦恼都是自找的，有些问题其实根本不是烦恼。举个很简单的例子，你已经是一名主管，管理着很大一批人，但你却一直觊觎经理的职位，但你没料到的是，这一职位却被一名资历不如你的人拿到了，你心里很不痛快，但你忽视的一点是，主管的职位已经是很多人羡慕的了，再说位高烦恼多，经理也有经理的烦恼，而且烦恼未必少。还有的人为钱而烦恼，有了一万想两万，有了两万想三万……还是烦恼，可惜你除了想过钱多有钱多的得意，有没有想过钱多有钱多的烦恼，钱少的或许没有钱多的那么神气，但钱少的也没有钱多的那么多担忧，平民小户没有大富人家对盗贼绑架的担心，恐怕也少有为争夺家产使兄弟反目，甚至相残的悲哀。

当我们在为种种苦恼之事感到失落甚至掉泪时，其实快乐就在身边朝我们微笑。做一个快乐的人其实并不难，拥有一个幸福的人生也很简单，只要我们不自找烦恼。

从前，佛祖遇到了一个不喜欢他的人，这个人连续几天都跟着佛祖，并用各种方法辱骂佛祖，但奇怪的是，佛祖似乎没听到这些似的，从不跟他计较。那人很纳闷，就问佛祖是怎么做到的。

佛祖反问道："若有人送你一份礼物，但你拒绝接受，那么这份礼物属于谁的？"

那个人答："属于原本送礼的那个人。"

佛祖微笑着说："没错。若我不接受你的谩骂，那你就是在骂你自己。"

那个人恍然大悟，摸摸鼻子走了。

佛祖要告诉我们的是，只要你对别人给你的烦恼采取不理不睬不接受的态度，那么无论别人如何谩骂你、如何对待你，都影响不了你的快乐，夺不走你的高兴。也就是说，生气其实就是拿别人的错误来惩罚你自己，真正的受害者也是你自己。因此，不要扰乱了自己的心，烦恼往往都是自找的。只要你不接受"烦恼"这份礼物，任何人都破坏不了你的好心情。

美国心理治疗专家比尔·利特尔经过研究认为：一个人若有以下心理或做法，必定会促使其自寻烦恼、无事生非：

1. 总把问题的症结放到自己身上

你是不是认为别人不喜欢你是你的原因？你是不是认为同事被上级领导批评也是因为你的原因？把消极原因都归结于自己，那么要不了多久，你就会烦恼成疾。

2. 顾影自怜，认为自己是殉难者

比如，你可能经常会听到一些家庭主妇们这样抱怨："没有一个人真正心疼我，对我们家来说，我不过是个仆人而已。"而男人们也会抱怨："我的骨架都累散了，谁也不把我当回事，大家都在利用我。"要知道，经常这样想，必定会使你烦恼异常，而且还能使周围的人感到讨厌，令你的感觉变得更糟。

3. 只做白日梦

最可怜、可悲的人莫过于那些总是做白日梦的人，如果你不重新调整你的目标，那么，那些无法实现的目标同样让你烦恼不断。

4. 制造隔阂

你不懂得怎么“讨好”别人，你从未赞美过他人，总是挑刺儿、埋怨、好与人争论，这便是制造隔阂、自寻烦恼的妙法。

5. 只看到消极面

不要总是把眼光放在你曾经受到的多少次冷遇上，也不要总是计算自己吃了多少次亏，如果你这样做，你就会运用这种消极的思维方法来给自己制造烦恼。

6. 总是拖延问题

问题一旦出现，你就要解决。而如果你采取拖延的方法，那么，问题只能像滚雪球一样越滚越大，最后一发不可收拾，不要认为“如果错过了解决问题的时机，索性再往后拖拖。”这样只会使问题变得更糟，必定会导致你的愤怒和苦恼埋在心底几个月甚至几年。

可见，做一个快乐的人其实并不难，拥有一个幸福的人生也很简单，只要我们摒弃以上的心理或做法。要知道，世界上没有一个人因烦恼而获得过好处，也没有一个人因烦恼而改善过自己的境遇，但烦恼却在随时随地损害着我们的健康，消耗着我们的精力，扰乱着我们的思想，降低着我们的工作效率，降低着我们的生活质量。

做好最坏的打算，还有什么可焦虑的呢

德国的一位哲学家曾讲过这么一段话：没有什么情感比焦虑更令人苦恼了，它给我们的心理造成巨大的痛苦。而焦虑并非由实际威胁所引起，其紧张惊恐程度与现实情况很不相称。追求快乐是人类的本能。因此，通常来说，焦虑是无谓的担心。我们要彻底摆脱使人苦恼的焦虑，就要选择平静身心。其实，又有什么可纠结的呢，事情最糟糕的情况也不过如此，抱着这样的心态，也就能调节自我了。

曾经有这样一个故事：

在美国，有个刚毕业的年轻人，在一次州内的征兵选拔中，他因为体能好、表现优异被选中了，在外人看来，这是一件好事，但他看起来却并不高兴。

为了庆祝孙子被选上，他的爷爷从美国的另一个州来看他，看到孙子心情不好，便开导他说："我的乖孙子，我知道你担心的事，其实真没什么可担心的，你到了陆战队，会遇到两个问题：要么是留在内勤部门，要么是分配到外勤部门。如果是内勤部门，那么，你就完全不用担忧了。"

年轻人接过爷爷的话说："那要是我被分配到外勤部

门呢？”

爷爷说：“同样，如果被分配到外勤部门，你也会遇到两个选择，要么是继续留在美国，要么是分配到国外的军事基地。如果你分配在美国本土，那没什么好担心的嘛。”

年轻人继续问：“那么，若是被分配到国外的基地呢？”

爷爷说：“那也还有两个可能，要么是被分配到崇尚和平的国家；要么是战火纷飞的海湾地区。如果把你分配到和平友好的国家，那也是值得庆幸的好事呀。”

年轻人又问：“爷爷，那要是我不幸被分配到海湾地区呢？”

爷爷说：“你同样会有两个可能，要么是留在总部；要么是被派到前线去参加作战。如果你被分配到总部，那又有什么需要担心的呢！”

年轻人问：“那么，若是我不幸被派往前线作战呢？”

爷爷说：“同样，你会遇到两个选择，要么是安全归来，另一个是不幸负伤。假设你能安然无恙地回来，你还担心什么呢？”

年轻人问：“那倘若我受伤了呢？”

爷爷说：“那也有两个可能，要么是轻伤，要么是身受重伤、危及生命。如果只是受了一点轻伤，而对生命构不成威胁的话，你又何必担心呢？”

年轻人又问：“可万一要是身受重伤呢？”

爷爷说："即使身受重伤，也会有两种可能性，要么是有活下来的机会，要么是完全无药可治了。如果尚能保全性命，还担心什么呢？"

年轻人再问："那要是完全救治无效呢？"

爷爷听后哈哈大笑着说："那你人都死了，还有什么可以担心的呢？"

是啊，正如这位爷爷说的："人都死了，还有什么可担心的呢？"这是对人生的一种大彻大悟。有时候，我们对某件事很担心，但只要我们转念一想，最好的状况莫过于……以这样的心态面对，其实就没有什么可担心的了。

当然，我们毕竟是吃五谷的凡人，哪会不遇到烦心的事呢？但只要我们保持内心平静，那么，无论外在世界怎么变幻莫测，我们都能坦然面对，做到不为情感左右，不为名利所牵引，从而洞悉事物本质，完全实事求是。

下面一些自我调节的方法或许有助于你早日摆脱焦虑：

1. 尽可能地保持心平气和

有句俗语叫：欲速则不达。要摆脱焦虑最忌急躁，当然，对于那些有焦虑症的患者，这是有一定的难度的。

2. 必须树立起自信心

那些易焦虑的人，通常都有自卑的特点，遇事时，他们多半会看低自己的能力而夸大事情的难度；而一旦遇到挫折，他们的焦虑情绪和自卑心理会变得更为明显，因此，在发现自己的这些弱点时，就应该引起重视并努力加以纠正，决不能存有依赖性，等待他人的帮助。有了自信心就不害怕失败，如果十次之中成功了一次，就会增添一份自信，焦虑也退却了一步。

3. 做好最坏的打算

谚语常说："能解决的事不必去担心，不能解决的事担心也没用。"这样一想，你会发现，在最坏的情况面前，也没什么可忧虑的，那么你也就能变得积极了。

4. 挖掘出引起焦虑和痛苦的根本原因

研究发现，很多焦虑症患者患病是有一个过程的，他们的潜意识中长期存在一些被压抑的情绪体验，或者曾经受到过某种心灵的创伤，并且，这些焦虑症状早就以其他形式体现出来，只是患者本人没有对自己的情况引起重视。因此，生活中的我们，一旦发现自己有焦虑情绪，就应该学会自我调节、自我调整，把意识深层中引起焦虑和痛苦的事情发掘出来，必要时可以采取合适的发泄方法，将痛苦和焦虑的根源尽情地发泄出来，经过发泄之后症状可得到明显缓解。

因此，我们始终要记住，人生在世，很多事我们控制不了，但我们可以选择自己的心态，以乐观、积极的心态面对，那么不好的机会也会成为好的机会。如果用消极颓废、悲观沮丧的心态去对待，那么，好机会也会被看成是不好的机会。

人生的平淡和起起伏伏都是一种生命的轨迹，而只有内心平和的人才能体味其中的真谛，因此，我们不妨以平常心看待生活，用心去享受简单生活中的快乐与幸福！

内心悲观，你就在上演悲剧

在我们的生活中，我们发现，似乎总有这样一些人，他们总认为自己不开心，在他们看来，“我好像被命运欺骗了，既得不到它所承诺的生活，又失去了那些对我而言最珍贵的东西：时间，青春，以及巨大的精力。”这些愁怨在他们心中郁结着，他们甚至忘记自己已经多久没有开怀地笑过了。

那么，这些人为什么认为自己不快乐呢？其实，这是因为他们在潜意识中对自己进行了负面的暗示，潜意识是只会执行而不会筛选的执行机器，如果你反复暗示自己，你是不快乐的，那么，你就难以微笑出来。

人生短短数十载，困难和挫折都在所难免，这些都不是悲剧，最大的悲剧是悲观失望，要知道，每个人都不能预知未来，但我们可以以一颗坦然的心面对。只要做到积极乐观、永不绝望，就一定能渡过逆境。

所以，我们每一个人，都应该学会在日常生活中培养自己乐观的精神，都要对自己进行积极的暗示，无论遇到什么事，都不要忧郁沮丧，无论你有多么痛苦，都不要整天沉溺于其中无法自拔，不要让痛苦占据你的心灵。

有这样一个女人，她是单位里别人眼中最“幸福”的女人，她的幸福，并不是因为她漂亮、物质生活充足，而是她脸上永远散发着令人舒心的笑容。刚结婚那年，她身上就发生了一件不幸的事——车祸。因为出车祸，让她落下了腿部的残疾。但任何一个同事，坐在她的身边就会有一种非常舒服的感觉，因为你会被她的那种温和、乐观的情绪所感染。

残疾对于一个女人来说已经非常不幸了，两个人所组成的家庭里如果有一部分不完整，生活中的风风雨雨就可能会“乘虚而入”，但是她的家却是幸福和温馨的。她和丈夫之间的感情很好，他们的生活非常快乐。而这一切都是因为她的心态是平和的，她的人格是独立的。她从来不把自己看做是一个残疾人而给丈夫增添更多的心理压力。当丈夫处于事业上的瓶颈期时，她用她乐观的态度鼓励丈夫重整旗鼓，因此她也获得了更多来自丈夫的关怀与爱护，这比自己强迫来的要真实和自然得多，也更踏实得多。

故事中的这个女人，即使残疾，她也选择了一个可以让自己快乐、幸福的人生态度——乐观。有本书上说过：“思想……能令天堂变地狱，地狱变天堂。”其实生活得快乐或是悲伤的选择权就在你手中……相信自己能做个乐观的、爱笑的人，你就能快乐。

有人说，这世界上存在两种人，划分的标准就是他们对待事物的态度，一种是乐观的人，一种是悲观的人。乐观者，他们的脸上总是挂着微笑，似乎没有事情能难倒他们，因此，他们生活得幸福、坦然；而悲观的人，他们似乎总是把眼光盯在事物坏的一面，于是，他们总是感到低迷，整日郁郁寡欢。有句话说得好：“乐观者在灾祸中看到机会，悲观者在机会中看到灾祸。”微笑看待人生，好运就不会远离。

的确，乐观就像心灵的一片沃土，为人类所有的美德提供丰富的养分，使它们健康地成长。有一位虔诚的作家，在被人问到该如何抵抗诱惑时回答说：“首先，要有乐观的态度；其次，要有乐观的态度；最后，还是要有乐观的态度。”

用乐观的态度对待人生就要微笑着对待生活，微笑是乐观击败悲观的最有力武器。无论命运给了我们怎样的“礼物”，都不要忘记用自己的微笑看待一切。微笑着，生命才能将利于自己的局面一点点打开。在饱受约束的现实生活中，要让心灵快乐的飞翔。微笑还应该是一种境界，苏轼《题西林壁》云：“横看成岭侧成峰，远近高低各不同。不识庐山真面目，只缘身在此山中。”看似浅显，其实饱含生活哲理。人人要面对红尘命运中的各种磨难和悲辛，身在其中，心思却能够跳脱其上其外，以那种怀禅的释然、纳海的胸襟、平和的意绪，坦诚面向过往未来一切莫测的事变，那么尽享祥和的微笑是不言而喻。

不得不说，一个人的生活快乐与否，完全决定于个人对人、事、物的看法如何，而这样的看法又会传输给潜意识，从而决定了我们的行为和生活状态，因为，生活是由思想造成的。如果我们想的都是欢乐的念头，我们就能欢乐；如果我们想的都是悲伤的事情，我们就会悲伤。的确，人生在世，快乐地活是一生，忧郁地过也是一生，是选择快乐还是忧郁？这完全取决于做人的心态，正确的做法就是不断地培养自己乐观的心态，远离悲观，它既是一种生活艺术，又是一种养生之道。

生活中的人们，在生活中，你也可能遇到某些困难，遇到某些不顺心的事，你也可能会因此变得沮丧。其实，应告诉自己，困境是另一种希望的开始，它往往预示着明天的好运气。因此，你只要放松自己，告诉自己希望是无所不在的，再大的困难也会变得渺小。

所以，总的来说，对于未来的生活，我们必须要学会历练自己，学会自我调节，学会对自己进行积极的暗示，这样，在未来荆棘密布的人生道路上，无论命运把你抛向任何险恶的境地，你都能做到积极、快乐地生活！

不要沮丧，活出生命最好的状态

有人说，人可以简单分为两种类型：神采奕奕型和沮丧忧烦型。神采奕奕的人生活得幸福而自信，脸上总是挂满笑容，让周围的人感到他的温暖，时常给人鼓励和信心，让人充满激情和斗志；而沮丧忧烦型的人常常自怨自艾，眉宇间总是有些忧愁，心间总是挂满自卑和失落，让接触到的人莫名的滑入消极和伤感的深渊……这两种人其实也就是乐观者和悲观者。很明显，乐观者让人快乐而自信，消极者让人低沉而忧伤……试问你更愿意做哪一种人？当然是前者。

人有悲欢离合，月有阴晴圆缺。人生无常，没有谁能保证前方的路总是平平坦坦。遇到些挫折和磨难在所难免。在挫折中学会坚强，才能更好地感知生活，拥抱生活，创造生活，享受生活。

坚强是一种勇气和品质，更是一种理智和智慧，它告诉我们如何去享受生活，如何去调节自己的心情，找到让自己更快乐的秘籍。面对挫折和磨难，我们不应该过分地沉迷于痛苦和悲伤之中，更不应该迷茫或迷失方向。现实生活中，经历些风雨，遇到些磨难，遭遇些挫折，都是很平常的事。若因一时受挫而放大痛苦，灰心丧气，自卑绝望，自弃沉沦，那将会错失良机、终身遗憾。

1906年11月，本田宗一郎出生在日本荒僻的兵库县的一个贫穷家庭。由于家庭贫穷，9个孩子中有5个因营养不良而夭折。

本田在上学的时候非常喜欢逃课，这让他的父亲伤透了脑筋。用本田自己的话说“那种正规的教育真是让人厌恶！”但是，对于学校的实验课，他却非常喜欢，所以他经常逃课去别的班级上他们的实验课。这种富于探索的精神，为他以后的事业奠定了良好的基础。

后来，本田创立了自己的摩托车制造公司。当时摩托车行业已经快要趋于饱和了，但是他没有畏惧，依然硬着脑袋挤了进去。在5年内，他打败了250个竞争对手，实现了儿时制造更先进的摩托车的梦想。当然，这期间，他经历了一系列失败。

当本田成功的时候，他说：“回首我的工作，我感到我除了错误，一系列失败、一系列后悔外什么也没有做。但是有一点使我很自豪，虽然我接连犯错误，但这些错误和失败都不是同一原因造成的。这使我在失败中学到了很多东西。”

本田总结道：“企业家必须善于瞄准不可能的目标和拥有失败的自由。”这句话言简意赅地阐明了做大事的人所必须拥有的心态，这对很多人产生了深远的影响。

本田的成功经历告诉我们，人生没有一帆风顺的，都要经历一些挫折和失败。这些挫折和失败并不可怕，可怕的是因为害怕而放弃了希望。只有那些把挫折和失败当成动因并能从中学到一些东西的人，才会接近成功。因为心态是决定事业成功的奠基石，未来的路我们谁都无法预料，我们能做的就是放平心态，锁紧目标，攻克形形色色的困难。

因此，我们一定要扫除内心的阴霾。其实，日常生活中保持良好心情的“砝码”就在你的手中：

1. 转移情绪

当你遇到一些会使得你心理不稳定的事的时候，你应迅速把注意力转移到别的方面去。这样很快就会把原来的不良情绪冲淡甚至赶走，重新恢复心情的平静和稳定。

2. 宽以待人

人与人之间总免不了有这样或那样的矛盾，同事之间，朋友之间也难免有争吵、有纠葛。只要不是大的原则问题，应该与人为善，宽大为怀。绝不能有理不让人，无理争三分，更不要为一些鸡毛蒜皮的小事争得脸红脖子粗，伤了和气。

3. 忆乐忘忧

生活中，有乐事也有忧事，对此应进行精心的筛选，不能让那些悲哀、凄凉、恐惧、忧虑、彷徨的心境困扰着我们，要经常忆乐忘忧，切不可让阴影笼罩心头，而失去前进的动力。

能做到以上三点，我们也就能保持稳定、健康、快乐的心情了。

在苦难、挫折、失败面前，我们不必怨天尤人、自怨自艾，而应该坚强一点，在坚强中锤炼自己的情操和心灵，淬炼自己的毅力和品质。你不妨把挫折当成一缕清风，让它从你耳边轻轻地吹过；把痛苦当成你眼中的一颗尘土，眨一眨眼，流一滴泪，就足以将它淹没掉，至于苦难，那也不过是人生的一个小插曲而已！

情绪再糟糕，你也要学会自我调控

我们都知道，人不可能永远处在心想事成之中，生活中既然有挫折、有烦恼，就会有消极的心态和情绪。一个心理成熟的人，并不是没有消极情绪，而是善于调节和控制自己情绪的人。而自我激励，是用理智控制不良情绪的又一良好方法。恰当运用自我激励，可以给人精神动力。当一个人在困难面前或身处逆境时，自我激励能使你从困难和逆境造成的不良情绪中振作起来。

然而，生活中，许多人一陷入困境，就变得消极、悲观，甚至一蹶不振，其实，并不是困难打败了我们，而是我们自己打败了自己。其实，我们要暗示自己，困境是另一种希望的开始，它往往预示着明天的好运气。因此，你只要放松自己，告诉自己希望是无所不在的，再大的困难也会变得渺小。这样，你也就能摆脱低落情绪了。

美国亿万富翁、工业家卡内基说过："一个对自己的内心有完全支配能力的人，对他自己有权获得的任何其他东西也会有支配能力。"当我们开始运用积极的心态并把自己看成成功者时，我们就开始成功了。为此，我们需要记住，如果你想在某个领域有所成就和突破，你首先就要克服以下问题：性急、焦虑、包括复仇在内的报复欲、情欲等。只有将这些负面的情感问题排除出去，你才能静下心来做事。否则，你所有的计划都将化为泡影。的确，那些日常生活中看似无关紧要的小情绪实际上是影响我们做事成功与否的关键因素，因此，我们在行事前最好先排除这些负面感情。

可能很多人会产生疑问，如何才能具备积极的心态呢？其实，自我暗示法能使你从困难和逆境造成的不良情绪中振作起来。当坏心情降临时，你可以用某些哲理或某些名言安慰自己，鼓励自己同痛苦、逆境作斗争。自娱自乐，会使你的情绪好转。

比如，当你遇到了困难，正想放弃时，你可以告诉自己："我是最棒的，我一定能重新站起来。""别发火，发火会伤身体。"

另外，语言也是激励自己最好的工具。如你悲伤时，朗诵滑稽的语句，可以消除悲伤。

总之，无论我们遇到什么事，都不要让消极心态有机可乘，要拒绝受控。一旦被消极心态袭击时，得马上自我保护，提醒自己它只不过是借软弱打倒理性的纯粹思维惯性而已，你便能歼灭那些消极心态了。

憎恨是一剂毒药，伤人又伤己

在日常生活中，我们难免与别人产生误会和摩擦，如果对他人产生恨意，仇恨便会悄悄滋长，最终会堵塞通往成功的路。如果仇恨是火的话，这团火藏在你的心里，而你一直仇恨的对象却在你的心外，那么这团火就在烧着你自己的心，而对方只能感受到一点点热度而已，所以放下仇恨吧，远离仇恨，学会宽容，也是在宽容自己。

在热带的海洋中，有一种奇异的鱼，名叫紫斑鱼，它的奇异之处，并不是因为它身上的斑点，而因为它浑身长满了毒刺。它们常常会因为愤怒用这些刺去攻击其他海洋生物，它越是内心仇恨，这种刺散发的毒性就越大，对其他生物的危害就越大。根据紫斑鱼的正常生理机能来看，一条紫斑鱼一般能活到七八年，但实际上紫斑鱼却活不过两年，这是为什么呢？

问题还是在这些毒刺上：在紫斑鱼利用这些毒刺攻击其他生物时它越是满怀“仇恨”，它的毒刺攻击得越毒越狠，对别的鱼类伤害越深，对自己的伤害也就越深，因为它心中的“怒火”在烧毁别人的同时，也在烧毁自己，使自己五脏俱焚，一命呜呼。

然而，世间万物，被自己所伤的，自己败给自己的，又岂止是紫斑鱼呢？那些总是满怀仇恨的人，那仇恨之火不也在伤害他们自己、毁灭他们自己么？

人类是这个世界上情感最为复杂的动物，与爱相伴相生的还有恨。仇恨是人类情感的毒素。我们看到，仇恨所产生的报复在这个世界上随处可见。因为仇恨，有些人嗜杀他人的生命；因为仇恨，亲人间反目成仇；因为仇恨，朋友间老死不相往来。仇恨的后果是危害社会，使人被伤害，同时自己也被伤害。仇恨吞噬生命、肉体和精神的健康。冤冤相报是我们不愿看到的。而其实，面对他人的伤害、欺骗等行为，如果我们能从对方的角度考虑，便会理解他的处境，从而能减轻乃至消除怨恨。

我们先来看下面一个故事：

在第二次世界大战期间，一支部队在森林中与纳粹军队相遇发生激战，其中两名战士最终与自己的队伍失去了联系，没有人知道他们在哪里，都以为他们牺牲了。

他们来自同一个淳朴的小镇，镇上的人彼此都认识，所以大家都像一家人。他们原来就是很要好的朋友。此次在生死未卜的战斗中，互相照顾、彼此不分。

与队伍失散后，两人在森林中艰难跋涉，互相鼓励、安慰。十多天过去了，他们没有看到一个人影，回到部队的希望越来越渺茫，更严重的是，因为战争的缘故，动物四散奔逃或被杀光，生存都发生了危机。

就在他们奄奄一息之际，他们幸运地打死了一头鹿，看来天无绝人之路，依靠鹿肉又可以艰难度过几日了。这让他们着实兴奋了好长一段时间。但在这以后，他们再也没看到任何动物。仅剩下的一些鹿肉，背在年轻战士的身上。生存又成了问题。

有一天，他们在森林中寻找食物时不幸遇到了敌人，经过再一次激战，两人又一次巧妙地逃脱，就在他们自以为已安全时，只听到一声枪响，背着鹿肉走在前面的年轻战士中了一枪，这一枪打在肩膀上。后面的战友惶恐地跑了过来，他害怕到语无伦次，抱起倒在地上的战友泪流不止，并赶忙把自己的衬衣撕成条来包扎战友的伤口。

夜深了，受伤的战士肩膀上包扎的衣服一片血红，他对于自己的生命并不抱任何希望。而那位未有受伤的战士两眼直勾勾的，嘴里一直叨念着母亲。用来救命的鹿肉谁也没有动，他们都以为自己的生命即将结束。那一夜令两个人都终生难忘。

天知道他们是怎么过的那一夜。第二天，当太阳升起的时候，他们被自己的部队发现，他们获救了。

故事发生到这里，似乎告一个段落，是个喜剧结局。

但事隔30年，那位受伤的战士安德森说："我知道谁开的那一枪，他就是我的老乡、战友"。这实在是太惊人了。

安德森平静地说："他去年去世了，否则我永远都不会说，如果我死在他前面，我会让这个故事烂在肚子里带走。那年在森林里，当他抱住我时，他的枪筒还在发热，我顿时明白了，他想独吞我身上带的鹿肉活下来，但当晚我就宽恕了他。因为我知道他活下来是为了照顾他的母亲。此后30年，我装着根本不知道此事，也从不提及。战争太残酷了，没有纳粹的存在，就不会有这样的悲剧。令人难过的是，他的母亲还是没有等到他回来就撒手去了。我和他一起祭奠了老人家。他跪下来，流着泪请求我原谅他。我拥抱着他，不让他说下去。于是，我宽恕了他，我的心没有仇恨，异常的平静。我没有失去什么，我们又做了二十几年推心置腹的朋友。”

故事中的主人公安德森是豁达的，面对朋友对自己的伤害，他选择了忘却。忘却就是一种宽容，人人都有痛苦，都有伤疤，动辄去揭，便添新创，旧痕新伤难愈合。忘记昨日的是非，忘记别人先前对自己的指责和谩骂，时间是良好的止痛剂。学会把伤害留给自己，把宽容留给他人，生活才有阳光，才有欢乐。

可见，宽容是一种美德，是对犯错误人的救赎，也是对自己心灵的升华。不要总是记恨对方怎么伤害、得罪了你，给你造成了多少损失，而应该想想这件事值不值得你伤神。想想对方是不是值得要你去如此发火。他是故意的还是无心的？平日待你如何？给对方一个机会，就是给自己一个机会。对于一些人，原谅，远远要比惩罚来的有效。也许只是一时的失误，也许只是一闪而过的歪念。人总有犯错误的时候，宽恕他人就是救赎自己！

第 09 章

有自己的想法，敢坚持自我的人才强大

一位心理学家称，每个人都容易羡慕别人，因为在比较中，你总会发现比你优越的人。很多人不禁感叹，自己何时能赶上别人？于是，在这种情况下，我们会不自觉地模仿别人，甚至会让他人的言论来决定自己的行为，诚然，参考他人的意见会帮助我们减少行为的失误，但一味地从众只会抹杀一个人意欲前进的雄心和勇气，只会让自己日复一日地滞足不前，以致一生碌碌无为。为此，我们必须要学会坚持自我，防止趋之若鹜，学会独立思考，这样的人才是强大的，也才能在未来激烈的社会竞争中处于有利地位。

坚持内心，不要因为他人之言动摇

有人说，成功最需要具备的一个要素就是智慧，然而，智慧从何处来？智慧的来源大致有以下三个方面：一是从你的知识而来，二是从你的经验而来，三是从自我反省而来。但无论如何，有智慧的人总是能坚持自我，有很强的自我意识，他们敢于走自己的路，不会因为路上的任何风景而分神，更不会因为别人的言论而自我动摇。

因此，任何一个渴望成功的人都要学会控制并且强化自我意识，遇事要沉着冷静，自己开动脑筋，排除外界干扰，学会自主决断。要彻底摆脱那种依赖别人的心理，克服自卑，培养自信心和独立性。

法国哲学家布里丹养了一头小毛驴，每天向附近的农民买一堆草料来喂。这天，送草的农民出于对哲学家的景仰，额外多送了一堆草料，放在旁边。这下子，毛驴站在两堆数量、质量和与它的距离完全相等的干草之间，可是为难坏了。它虽然享有充分的选择自由，但由于两堆干草价值相等，客观上无法分辨优劣。于是它左看看，右瞅瞅，始终也无法分清究竟选择哪一堆好。于是，这头可怜的毛驴就这样站在原地，一会儿考虑数量，一会儿考虑质量，一会儿分析颜色，一会儿分析新鲜度，犹犹豫豫，来来回回，在无所适从中活活地饿死了。

小毛驴在充足的两堆草料面前，却落得个饿死的下场，真是令人匪夷所思。可见，迟疑不定不仅对人们做出正确的行为无丝毫的帮助，还会让人们延误时机，甚至酿成苦果。而实际上，除了动物以外，人类似乎也在重复这个幼稚的错误。尤其是那些自我意识不强的人，他们总会因为周围人的一些所谓的建议而踟蹰不定，而最终，他们也和这头小毛驴一样一无所获，甚至付出沉重的代价。要摆脱这种苦恼，我们就要训练自己的判断力，要坚定、勇敢、自信、果断，你若一直朝着目标前进，那么，他人一定会为你让路，而对一个摇摆不定、踟蹰不前、走走停停的人，别人一定抢到你前面去，决不会让路给你。

我们来看看下面这个故事：

小泽征尔是世界著名的音乐指挥家。一次他去欧洲参加指挥家大赛，在进行前三名决赛时，他被安排在最后一个参赛，评判委员会交给他一张乐谱。小泽征尔以世界一流指挥家的风度，全神贯注地挥动着他的指挥棒，指挥一支世界一流的乐队，演奏具有国际水平的乐章。

正演奏中，小泽征尔突然发现乐曲中出现不和谐的地方。开始，他以为是演奏家们演奏错了，就指挥乐队停下来重奏一次，但仍觉得不自然。这时，在场的作曲家和评判委员会的权威人士都郑重声明乐谱没问题，而是小泽征尔的错觉。他被大家弄得十分难堪。在这庄严的音乐厅内，面对几百名国际音乐大师和权威，他不免对自己的判断产生了动摇，但是，他考虑再三，坚信自己的判断是正确的，于是，大吼一声："不！一定是乐谱错了！"他的喊声一落音，评判台上那些高傲的评委们立即站立向他报以热烈的掌声，祝贺他大赛夺魁。原来，这是评委们精心设计的圈套。前面的选手虽然也发现了问题，但却放弃了自己的意见。

为什么小泽征尔能做到"挑战权威"，并大胆地告诉评委们："不！一定是乐谱错了"？因为他能坚持自我，有很强的自我意识。而倘若他不能坚信自己的判断是正确的，和其他几位选手一样，即使发现了问题，也不敢提出来，或者放弃自己的意见，那么，在这场比赛中，他也只能和其他选手一样，被淘汰出局。

有这样一位企业领导，他有个长处，那就是不受他人干扰，即使有人在他旁边唠唠叨叨，他也能静下心来把事情完成，并且，干净利落，决不拖泥带水。他那种明快果决的本领，十分使人折服。

然而，生活中的我们，却做不到这样，他们常被身边的各种问题困扰、烦心，因为我们太容易被周围人们的闲言碎语所动摇，太容易瞻前顾后，患得患失，以至于给外来的力量可以左右我们的机会，这样，似乎谁都可以在我们思想天平上加点砝码，随时都有人可以使我们变卦，结果弄得别人都是对的，自己却没有主意，这真是我们成功途中的一个大障碍。

那么，具体来说，我们该如何做到控制自我意识，不为他人的言论动摇呢？

1. 不要总是依赖他人

那些习惯依赖他人的才会把听从他人的意见当成一种习惯。因此，要树立并强化自我意识，就需要我们首先破除这种不良习惯。你可以检查一下自己的行为中哪些是习惯性地依赖别人去做，哪些是自作决定的。可以每天做记录，记满一个星期，然后将这些事件分为自主意识强、中等、较差三等，每周一小结。

2. 要增强自控能力

对自主意识强的事件，以后遇到同类情况应坚持做。对自主意识中等的事件，应提出改进方法，并在以后的行动中逐步实施。对自主意识较差的事件，可以通过采取提高自我控制能力来提高自主意识。

3.独立解决问题

要克服摇摆不定的习惯，就得在多种场合提倡自己的事情自己做。因此，生活中，你再也不要让朋友或者父母当你的贴身丫鬟了，也不要让他人帮你安排所有事。比如，独立准备一段演讲词，独立地与别人打交道等。

的确，人性有很多弱点，比如虚荣、自私、嫉妒、盲目，其中，缺乏主见会影响到一个人一生的命运。所幸的是，这些弱点本身虽然与生俱来，很难彻底消除，但是我们可以想办法克服它们、抑制它们，或者引导它们朝着有利于自我的方向发展。日常生活中，我们需要控制并强化自我意识，敢于坚持自我，决不能被他人之言动摇。

相信自己的眼光，坚持自己的信念

在生活中，我们常听老人说：“做事之前就要想到后面四步。”其实，向前每走一步，我们都需要相应对的方法，如果不能看得那么远，至少我们需要看见下一步。这就是一种远见，的确，我们做事情，不仅需要稳当、周全，而且不要急于求成，更不要被眼前的小事所累。在时机未成熟之前，我们一定要把持住自己。一个成大事的人，眼光总是比身边的人看得稍远一点。著名的美孚公司曾做了一次赔本买卖，可是，从最后的结果来看，它虽然放弃了眼前的利益却收获了长远的发展，小利变大利、利滚利、利翻利，先前看似赔本的“买卖”，最终却收获了高额的利润。这是一种商业中的计谋，也是每一个人需要的智慧。有时候，之所以需要我们学会自控，不要被眼前小事影响，其实是为了以后更长远的发展。

在近代历史中，曾国藩无疑算是一个有远见的人，在任何时候，他都不为眼前小事所累，其最终的理想抱负是“修身、治国、平天下”，誓死效忠于清廷。

1858年，在清政府的不断催促下，曾国藩第二次戴孝出山。他率领了湘军，经过6年的艰苦奋战，终于攻克了金陵。这一战，宣告了太平天国运动的结束，平定了天下，而另一方面，由于湘军号称30万大军，意味着清朝的军权第一次从满人转移到了汉人手中。这时，曾国藩的名声与威望都达到了顶峰。

在弟弟曾国荃看来，这是多么兴奋的事情，大好的利益就在眼前，于是，他极力鼓动哥哥曾国藩“自立”。不仅如此，其他一些随着曾国藩出生入死的将领也一起暗示要拥立他为皇帝。究竟是继续做万人景仰的中兴名臣，还是是冒着成为乱臣贼子的风险君临天下，曾国藩为此思考了很久很久。

其实，最初同治皇帝曾做出承诺，谁能解除太平天国对清朝的威胁，谁能够打下南京谁就封王。可是，等到曾国藩真的打下了南京，功高震主，又手握兵权，同治皇帝却失言了，他只封了曾国藩“一等毅勇侯”。“飞鸟尽、良弓藏”的道理，曾国藩自然明白。最后，经过思考之后，他做出了惊人的决定，自剪羽翼，调散了湘军，忍耐一段时间之后，重新找准自己的位置。

历史证明，曾国藩的确是一名深谋远虑之人。在当时的情况下，皇帝宝座无疑是眼前最大的利益，在当时的情况下，他完全有能力、有实力自立为王，但他却把持住了自己，没有轻举妄动，这是为什么呢？曾国藩确实很有远见，即使自己攻破了南京，但他却已经分清了当时的局势：清政府派遣了许多将领驻扎在长江，一旦自己叛乱，定然会予以反击。而且，清政府开始有意识地培养自己身边的将领，分化湘军内部力量，真的自立，那些将领绝不会与自己同谋。另外，曾国藩的最初梦想便是报效国家而不是自立为王。所以，即便是在功成名就之后，他依然不敢享受成功带来的喜悦，而是以长远的眼光，忍耐在皇权下。

在现实工作中，小到一个职员，大到一个公司，都需要有长远的打算，如果你只着眼于眼前的小恩小惠，迟早有一天你将被利益所吞噬，职场生涯同时也宣告结束。其实，即便是工作也不能含糊，对于这样一件事情也需要我们的谋算，将自己的眼光放得更长一些，不为眼前的小事所累，把持住自己，这样我们的职场之路才会走得更远。

某食品公司因为人员调动关系，原销售部门的经理离职了，这一职位也就暂时空缺了下来，虽然整个部门有能力的人很多，但被总经理提名的只有两个候选人。在周一的例行公会上，总经理就公布了他们的名字，并且要求他们各自在一个星期内拿出自己的市场推广方案，谁的方案最优秀就由谁来担任部门经理。小李、小张同时被列为了候选人，两人平时还是好朋友，所以，这样一场竞争非常有意思，公司各部门员工都对此议论纷纷。有人说小李绝对能胜任，因为他善于笼络人心；有人说小张绝对能任职，因为业绩比较突出。同时，有一个消息在办公室里炸开了锅，原来小李是经理夫人的亲弟弟，这可不得了，那失败者似乎注定了就是小张。

小张分析了其中的利害关系，心想：小李有了关系这一层，看来自己终究是失败，不过，有什么要紧呢。如果自己真的失败了，表现得大度，努力配合小李的工作，给人留下好的印象，日后定会有高升的机会。他就一边这样想着，一边准备市场推广案。很快，一个星期就过去了，两人同时把方案交到了办公室。总经理在大会上宣布了结果，懂得笼络人心的小李胜出了。小张知道自己已经失败了，心里很坦然，鼓掌表示庆祝，似乎一点也不在意。

小李上任了，开始了管理工作。小张还是积极地跑市场，协助小李的工作，下班后，他与小李还是好朋友。公司里的人都说："小张这人真好，升职机会被好朋友抢了也不说什么""就是啊，而且，工作比以前更积极，这样踏实能干、谦虚的小伙子上哪去找啊"。三个月后，小张在朋友小李的推荐下，因业绩突出被提升为部门助理。

本来，同事小李有好的关系，这对于处于公平竞争上的两个人似乎并不公平，小张大可以因不服气而找上司闹，或者在小李胜出后故意与之作对。但是，聪明的小张却很清楚眼前的人和事，自己要想有所作为，就必须将不服埋在心里，努力配合小李的工作，在公司博得一个好名声，这样，自己能力有了，也没得罪什么人，那高升的机会肯定还会有。在这样斟酌之后，小张才将想法投入实际行动，最后，自己的目的也达到了。

然而，现实生活中，有些人却鼠目寸光，吃不得眼前亏、心胸狭隘，容不得一点损失，最终，他们难以成就大事。

可见，对于我们来说，在做每一件事情时更需要有长远的眼光，不计较眼前的小事，而是关注于长远的发展，从而达到舍小利而保大局的目的。

懂得拒绝，也是自控的表现

生活中，没有人喜欢被拒绝。同样，习惯于中庸之道的中国人，在拒绝别人时很容易产生一些心理障碍，这是传统观念的影响，同时，也与当今社会某些从众心理有关。不敢和不善于拒绝别人的人，实际往往得戴着“假面具”生活，活得很累，而又丢失了自我，事后常常后悔不迭；但又因为难于摆脱这种“无力拒绝症”，而自责、自卑。

你是否曾经为以下事情伤脑筋：一个你曾经认识的人，他品行不良，但非要和你借钱，你深知，如果钱借给他，就等于肉包子打狗——有去无回？或者一个熟识的生意人向你兜售物品，明知买下也会吃亏？或者你的患难朋友，曾在你最困难的时候帮过你，现在有求于你，而你心有余而力不足，但他不相信，认为是你忘恩负义，故意不帮助他……遇到这些问题，你该怎么办？要记住，你不是神仙，也不能呼风唤雨、有求必应，该拒绝的，就必须要拒绝。如果不好意思当场拒绝，轻易承诺了自己不能、不愿或不必履行的职责，事办不成，以后你会更加难堪。

因此，如果你能学会拒绝，那么，你也就掌握了一种自控力。实际上，学会拒绝，并不是件难事。我们先来看下面的一则案例：

陈平是一名部门主管，当初公司把他调到这个部门的时候，他就不大乐意，因为他早有耳闻，这个部门的前任主管在管理团队的时候，喜欢事必躬亲，什么都为手下安排得妥妥当当，喜欢当老好人，部门大事小事总是一把抓，而导致了此部门员工没有得到很好的工作历练，因此，他们在公司所有部门员工中是能力最低的。但既然公司已经下达了指令，陈平只好硬着头皮上了，他也有志于改善部门状况。

报到的第一天，秘书小林就对陈平说：“主管，我之前没有做过这类的报表，你帮我做一下吧。”

听到这话，陈平觉得很诧异，做报表在公司一直都是秘书的本职工作，小林的请求实在是太过分了，他很生气，但一想到，要是第一次就这么严厉地对待员工的请求，势必会让自己在下属中留下不好的印象，因此，想了想之后，他对小林说："不好意思啊，今天我刚来，事情太多了，等忙完这周的活，你再把数据表拿来。"

一听到陈平这么说，小林心想，这份报表周五前必须要交到公司财务部，哪里还等得到下周？于是，她只好自己去处理了。

这招果然奏效，后来，陈平用同样的方法摆平了很多下属们的请求。

案例中的主管陈平可谓是一片苦心，为了让下属能尽快成长起来，他觉得让下属自己动手更有积极的意义，于是，面对秘书的工作求助，他采取了拖延的策略加以拒绝。这种心理策略很简单，对于你不想答应的请求，你完全用不着下决定，用不着点头或者摇头，而只是让来请求你的人迟些再来。例如，你可以说："我的任务现在排得满满的，你能不能两个礼拜以后再来找我？"如果这个人不错的话，他会把两星期后再来找你这件事加进自己的备忘录里。要是这人不地道，他肯定早把你忘了。有的时候如果你连着拖延了两回，那个人就会放弃了。

的确，拒绝别人或被别人拒绝，是我们每个人一生中每天都可能经历的事情。这是人生中非常真实的一面，谁都会遇到这样的经历，朋友、同事，甚至领导来找你帮忙，但有时他们所提出的要求是你没有能力或不愿意去做的，此时，我们就要学会拒绝他们的请求。当然，拒绝绝非简单地说“不行”，而要阐明不行的理由，让对方知道你的难处，从而理解你。这样你才不会因为拒绝对方而得罪对方，不至于影响你们之间的情谊。

当然，这只是拒绝他人的一种方法，具体来说，我们在拒绝他人时，还需要掌握其他一些要点：

1. 态度要真诚

我们之所以拒绝对方，多半是因为我们实在无能为力，而表明难处，也是为了减轻双方的心理负担，并非玩弄“技巧”来捉弄对方。因此，拒绝他人，态度一定要委婉、真诚，特别是上级对下级的拒绝、地位高者对地位低者的拒绝等，更应注意自己说话的态度，不可盛气凌人，要以同情的态度、关切的口吻讲述理由，争取他们的谅解。而在结束交谈的时候，还应再次表明歉意，热情相送。

小张是公司的一名小领导，员工的工作他必须参与，上级领导的工作他也不能推卸，因此，他常常忙得焦头烂额。最近，他负责一项权责以外的工作，弄得头昏脑涨。因为是第一次经手工作，不明白的地方很多，所以常在思考上花费很多时间，导致工作进度很慢。偏偏在这个时候，上司又要求他去参加拓展业务的研讨会。

小张不自觉地就用比较强烈的口气拒绝说：“不行啊，我现在根本就没时间参加什么研讨会。”

上司听后，似乎心头也起了一把火，很不满地说：“好吧，那从此以后就不再麻烦你了！”

显然，小张的言辞有不妥之处。遇到这样的情况，首先要将上司的请求当做指示、命令。一道命令下来，就没有拒绝的余地。在这种背景下，如果不留余地地拒绝，上司肯定会发火，而且也让上司的面子很挂不住。这个时候，我们可以先说明一下自己的处境。一般来说，如果将自己的难处真切地说出来，上司是能体谅并且接受你的拒绝的。

2. 不要伤害对方的自尊

人都是有自尊心的。当你在拒绝别人时，一定要先考虑到对方的感受，在选用表达的词语时应准确、委婉。

3. 为对方找个出路

直接拒绝对方难免令人失望，此时，你不妨为其再指一条明路，比如，“这件事我实在没有时间帮你去办了，你不妨去找某某试试。”“这份资料我这几天就要用，不过图书馆还有一份没借出去，你赶快去应该可以借出来。”因为对方有了其他“出路”，他对你的拒绝也就不会太在意了。

总之，在拒绝他人的时候，注意以上几点会帮助我们将拒绝带来的不愉快程度降到最低。

要自控，先要相信你自己

生活中，人们常说："你自己永远是信任你的最后一个人——哪怕全世界没有一个人信任你了，还有你自己信任你自己。"列宁也说过："自信是走向成功的第一步。"在如今竞争日益激烈的时代，如何才能成功，如何让别人看到自己的光芒？最起码的，请从相信自己开始做起……一个自信的人，才能做到相信自己，才不会随波逐流、才不会趋之若鹜、才能不走寻常路、才能最终取得成功。

自信，是建立在正确的自我认知的基础上，是相信自己能达到目标的一种表现，而反过来，自卑则是只看到自己的缺点和不足，看不到自己的优点和长处，是不相信自己、自我贬低的表现，并且，自卑者很害怕失败，在与人交往时更显得行为退缩、被动。

华裔女主播宗毓华曾说过："不要怀疑自己的才华"，她之所以能够以一名华裔女子跻身在人才济济的美国电视圈，受到大众的肯定和喜欢，就是凭借她的才华和自信。的确，只有自己相信自己，才能在挫折连连的时候努力走出自己的路，不因别人而放弃自己，没有任何人可以放弃你，除非你先放弃了自己。

畅销书作家刘墉曾经有过这么一段经历：

《萤窗小语》是他的第一本书，书撰写完之后，他找了几家出版社，但是没有一家出版社愿意给他出版，后来，他不得不自己出钱出版，但连他自己也没有想到的是，这本书的市场反应这么好，书的销量很好，这让那些曾经拒绝他的出版社跌破眼镜。

可以说，刘墉在文坛有了一定的成就，而也正是因为曾经他人的看不起，才有了他的今天，对此，刘墉自己又有另外一个说法，他说："当你站在这个山头，觉得另一座山头更高更美，而想攀上去的时候，你第一件要做的事，就是走下这个山头。"所以，即使今天的刘墉已经成功了，但他并没有因为别人的眼光而改变什么，他一直坚持自己认为应该坚持的，而这，才是真正的自信。

的确，无论任何时候，唯有自己相信自己的才华，别人才可能相信你，自己若不放弃，别人又怎么能放弃你呢?

可见，"自信"是一种力量，是一种涵养，是一种品质。只要你有自信，哪怕你身处险境，也能平静而坚强地面对一切，面对人生。然而，生活中的一些人却因为自身存在的某些缺点而自卑，甚至把自己人生的主导权交给他人，不难想象，这样的人会有什么大作为。

实际上，没有人是毫无缺点的，只是在我们的内心，这个缺点的份额的大小问题，如果我们将缺点无限制放大，那么它将会腐蚀我们的心，阻碍我们成功，我们就会长久自卑；而如果我们能正视缺点，并将缺点限制在一定的范围内，它就会成为我们努力和奋斗的催化剂，助我们成功。

那么，我们该怎样历练自己的信心呢？

1. 正确认识自己，接纳自己

一个人要对自己的品质、性格、才智等各方面有一个明确的了解，方可在生活中获得较为满意的结果。除此之外，不要讨厌自己，不要以为自己羞怯就容忍自己的短处。一个人不要看不到自己的价值，只看到自己的不足，什么都不如别人，处处低人一等。

2. 学会正确与人比较

拿自己的短处跟别人的长处比，只能越比越泄气，越比越自卑，有的男孩因为学习不好而产生“无用心理”就是这个原因。

3. 做自己能做好的事

社交活动中，每个人都在扮演着自己的角色。其实，你没必要刻意地表现自己，只要你做好自己的本职工作，并且做到专注、认真，那么，你的个性魅力就会释放出来。总之，你要做好计划，要了解当下你需要做什么，然后加以实践，你没有必要非要扮演交际中的中心人物，没有必要非是伟大、不平凡的行动，只要是自己能力所及的事就足够了。

4. 自我激励

人的自信是一种内在的东西，需要由你个人来把握和证实。所以，在建立自信的过程中，一定要学会自我激励。比如，在你遇到重要的事情，需要鼓起勇气来面对时，你可以说："我是自信的，我有实力，我的专业能力是最棒的！"

这样可以增强自己内在的信心、激发自己内在的力量，从而成功地达到你的目的。当然，这种激励只是一种临时的办法，要想长期在自己的内心建立自信，那就需要不断地激励自己，直到形成习惯。

如果我们按照以上四点来不断修炼自己的信心，你就会感到自信心在滋长，你在别人心中的威信也会不断增长！

自信是一种对自己素质、能力作积极评价的稳定的心理状态，即相信自己有能力实现自己既定目标的心理倾向，是建立在对自己正确认知基础上的、对自己实力的正确估计和积极肯定，是自我意识的重要成分。我们每个人都应该在内心不断储存自信的能量，摒弃自卑心理，因为这两颗种子，会孕育出两种完全不同的人生。自卑者只能自怨自艾，抱怨命运；而自信者一生所向无敌，最终收获成功。

参考文献

［1］古铁雷斯.磨难成就卓越［M］. 魏怡，译.西安：陕西师范大学出版社，2010.

［2］怀左同学.你越强大，世界越公平［M］. 北京：化学出版社，2019.

［3］卡耐基.做内心强大的自己［M］. 孙晶玉，译.北京：新世界出版社，2012.

［4］墨墨.修心：做内心强大的自己［M］. 北京：北京理工大学出版社，2012.